2020 年農林業センサス

第 8 巻

農業集落類型別統計報告書

大臣官房統計部

令 和 4 年 3 月

農林水産省

目　次

《付表》

・2020年農林業センサス農林業経営体調査票
・2020年農林業センサス農山村地域調査票（農業集落用）

利用者のために

Ⅰ 農林業センサスの沿革

1 センサスとは

　古代ローマに"センソール"という職の役人がおり、その役職は5年ごとにローマ市民の数などを調査することを仕事としていたことから、センソールが行う調査を"センサス"と呼んでいたといわれている。これによりセンサスとは、通常全てを調査の対象とし、個々の対象に調査票を使って、全般的な多項目にわたる調査を行うことを言うようになった。

2 戦前の農業センサス

　農林業統計においてセンサス方式を初めて採用したのは、昭和4年に国際連合食糧農業機関（以下「FAO」という。）の前身である万国農事協会が提唱する「1930年世界農業センサス」の実施に沿って行った農業調査である。しかし、その調査は田畑別、自小作別耕地面積を調査しただけで農家や農業に関する全般的な調査を行ったわけではなかった。その意味で最初の農業センサスは、昭和13年に行われた農家一斉調査であるということができ、この経験を基にそれまでの表式調査（既存の資料及び情報を基に、市町村などが所定の様式により申告したものを積み上げ、統計を作成する調査をいう。）を改め、昭和16年から農林水産業調査規則に基づく農業基本調査（夏期調査及び冬期調査）をセンサス方式で行うこととなった。

　しかし、第2次世界大戦末期にはセンサス方式の調査の実施が不可能となり、昭和19年には表式調査に逆戻りし、昭和20年には調査そのものが行われなかった。

3 戦後の農業センサス

　戦後、センサス方式の調査として、農家人口調査（昭和21年）、臨時農業センサス（昭和22年。このとき初めて「センサス」という言葉が用いられた。）及び農地統計調査（昭和24年）が実施された。昭和25年に至ってFAOが世界的規模で提唱した1950年世界農業センサスに参加し、我が国における農業センサスの基礎が固まった。その後10年ごとに世界農業センサスに参加するとともに、その中間年次に我が国独自の農業センサスを実施することとなった。

　なお、今回の2020年農林業センサスは、戦後15回目の農業センサスである。

　また、沖縄県においては、琉球政府時代の昭和26年2月に第1回目の農業センサスが実施され、その後、昭和39年4月、昭和46年10月と2回実施されており、今回センサスは復帰後では1975年農業センサスから10回目、戦後では13回目の農業センサスである。

4 林業センサス

　林業センサスは昭和35年から10年ごとに実施してきたが、2005年農林業センサスから、農業と林業の経営を一体的に把握する調査形態となったため、以降5年ごとに実施している。

　なお、今回の2020年農林業センサスは、林業センサスとしては9回目である。

　また、沖縄県においては、復帰後では1980年世界農林業センサスから7回目となっている。

5 2005年農林業センサスにおける調査体系等の変更

　2005年農林業センサスは、事業体を対象とする調査について2000年世界農林業センサスまで農業と林業を別々に調査していたが、農林業を経営の視点から同一の調査票で把握する調査体系に改め、農林業経営体を調査対象とした「農林業経営体調査」として実施した。

また、農林業地域を対象とする調査についても、農林業・農山村の有する多面的機能を一体的に把握するため、従来の農業集落調査及び林業地域調査を統合した「農山村地域調査」、農業集落における集落機能、コミュニティー活動等を把握するための「農村集落調査」（付帯調査）を実施した。
　具体的には、次の見直しを行っている。

(1)　農林業経営体調査

ア　経営に着目した調査体系として実施

　農林業の経営を的確に把握する見地から、これまでの農家及び林家という世帯に着目した調査から経営に着目した調査に改めるとともに、個人、組織、法人等の多様な担い手を一元的かつ横断的に捉えるため、2000 年世界農林業センサスまでの農業事業体に関する3調査（農家調査、農家以外の農業事業体調査、農業サービス事業体調査）、林業事業体に関する3調査（林家調査、林家以外の林業事業体調査、林業サービス事業体等調査）を統合して農林業経営体を対象とする調査に一本化した。

　また、調査周期についても、従来 10 年周期で実施していた林業に関する調査を農業に関する調査と同様に5年周期で実施することとした。

イ　農林業経営体を調査対象に選定

　2005 年農林業センサスにおいては、農林業経営の実態をより的確に把握するため、調査対象を農林業経営体とし、その定義については、

(ｱ)　農林産物の生産を行うか、又は委託を受けて農林業作業を行い、

(ｲ)　生産又は作業に係る面積・頭羽数が一定規模以上の農林業生産活動を行う者（組織経営体の場合は代表者）

とした。

　なお、1つの世帯・組織に調査対象としての基準を満たす者が複数存在する場合（それぞれが次に示す外形基準を満たし、かつ、経営管理及び収支決算が独立して行われている場合）には、それぞれの者を調査対象とした。

ウ　農林業経営体を判定するための外形基準の設定

　農林業経営体を的確に判定するため、次に示す外形基準（生産又は作業の規模）を設定した。

　なお、農業生産を行っている場合の外形基準については、統計の安定性・継続性を確保する観点から、農産物価格の変動に左右される従来の農産物販売金額に代わる物的指標を導入した。

＜農業の外形基準＞

(ｱ)　農業生産を行っている場合

　　経営耕地面積が 30 a 以上であるか、又は、物的指標（部門別の作付（栽培）面積、飼養頭羽数等の規模）が一定経営規模以上である者を調査対象とした。

(ｲ)　農業サービスを行っている場合

　　全てを調査対象とした。

＜林業の外形基準＞

(ｱ)　林業生産を行っている場合

　　保有山林面積が3 ha 以上で、かつ、調査期日前5年間継続して林業経営（育林又は伐採）

を行った者又は調査実施年をその計画期間に含む森林施業計画を作成している者を調査対象とした。

(イ) 委託を受けて素材生産を行っている場合又は立木を購入して素材生産を行っている場合

調査期日前1年間の素材生産量が200㎡以上である者を調査対象とした。

(ウ) 素材生産サービス以外の林業サービスを行っている場合

全てを調査対象とした。

(2) 農山村地域調査

ア 農業集落調査及び林業地域調査を統合

農林業・農山村の有する多面的機能を一体的に把握するため、従来の農業集落調査及び林業地域調査を統合した。

イ 調査対象農業集落の変更

2000年世界農林業センサスまでは、農業集落の立地条件や農業生産面及び生活面でのつながりを把握するため、農業集落機能があると認められた地域（農家点在地を除く。）を調査対象としてきた。

2005年農林業センサスにおいては、農山村地域資源の総量把握に重点を置いて把握することとしたため、集落機能のない農業集落であっても資源量把握の観点から調査対象とすることとし、全域が市街化区域である農業集落については、農政の施策の対象範囲外であることから調査対象から除外した。

Ⅱ 2020年農林業センサスの概要

1 調査の目的

2020年農林業センサス（以下「調査」という。）は、農林業構造統計（統計法（平成19年法律第53号）第2条第4項に規定する基幹統計）を作成し、食料・農業・農村基本計画及び森林・林業基本計画に基づく諸施策並びに農林業に関する各統計調査に必要な基礎資料を整備することを目的として実施した。

2 根拠法規

調査は、統計法、統計法施行令（平成20年政令第334号）、農林業センサス規則（昭和44年農林省令第39号）及び平成16年5月20日農林水産省告示第1071号（農林業センサス規則第5条第1項の農林水産大臣が定める農林業経営体等を定める件）に基づいて行った。

3 調査体系

調査は、農林業経営を把握するために行う個人、組織、法人などを対象とする調査（農林業経営体調査）及び農山村の現状を把握するために行う全国の市区町村や農業集落を対象とする調査（農山村地域調査）に大別される。

各調査の調査の対象、調査の系統については次のとおりである。

なお、調査の企画・設計は全て農林水産省大臣官房統計部で行った。

調査の種類	調査の対象	調査の系統	
農林業経営体調査	農林産物の生産を行うか又は委託を受けて農林業作業を行い、生産又は作業に係る面積・頭羽数が一定規模以上の「農林業生産活動」を行う者^{注1}	農林水産省 ｜ 都道府県 ｜ 市区町村 ｜ 統計調査員 ｜ 調査対象 （農林業経営体）	
農山村地域調査	【市区町村調査】 全ての市区町村	農林水産省 ｜ 調査対象 （市区町村）	
	【農業集落調査】 全域が市街化区域に含まれる農業集落を除く全ての農業集落	農林水産省 （民間事業者又は地方農政局等の職員^{注2}） ｜ 調査対象 （集落精通者）	［民間事業者調査による未回収分］ 農林水産省 ｜ 統計調査員 又は地方農政局等の職員^{注2} ｜ 調査対象 （集落精通者）

注1： 試験研究機関、教育機関、福利厚生施設その他の営利を目的としない農林業経営体を除く。
　2： 7（2）を参照。

4　調査の対象地域の範囲

(1)　調査の対象地域の範囲は、全国とした。

(2)　農林業経営体調査においては、東京電力福島第1原子力発電所の事故による避難指示区域（平成31年2月1日時点。以下「避難指示区域」という。）に全域が含まれる福島県大熊町及び双葉町については調査を実施できなかったため、本調査結果には含まれていない。

(3)　農山村地域調査においては、避難指示区域に含まれる農業集落（75集落）については調査を実施できなかったため、本調査結果には含まれていない。

5　調査事項

(1)　農林業経営体調査

　　ア　経営の態様

　　イ　世帯の状況

　　ウ　農業労働力

　　エ　経営耕地面積等

オ　農作物の作付面積等及び家畜の飼養状況
　　カ　農産物の販売金額等
　　キ　農作業受託の状況
　　ク　農業経営の特徴
　　ケ　農業生産関連事業
　　コ　林業労働力
　　サ　林産物の販売金額等
　　シ　林業作業の委託及び受託の状況
　　ス　保有山林面積
　　セ　育林面積等及び素材生産量
　　ソ　その他農林業経営体の現況
　(2)　農山村地域調査
　　ア　総土地面積・林野面積
　　イ　地域資源の保全状況・活用状況
　　ウ　その他農山村地域の現況

6　調査期日

　令和2年2月1日現在で実施した。

7　調査方法

　(1)　農林業経営体調査

　　統計調査員が、調査対象に対し調査票を配布・回収する自計調査（被調査者が自ら回答を調査票に記入する方法）の方法により行った。その際、調査対象から面接調査（他計報告調査）の申出があった場合には、統計調査員による調査対象に対する面接調査（他計報告調査）の方法をとった。

　　なお、調査対象の協力が得られる場合は、オンラインにより調査票を回収する方法も可能とした。

　　ただし、家畜伝染病の発生等に起因して統計調査員の訪問が困難な場合は、郵送により調査票を配布、回収する方法も可能とした。

　(2)　農山村地域調査

　　市区町村調査については、オンライン（電子メール）又は往復郵送により配布・回収する自計調査の方法により行った。

　　農業集落調査については、農林水産省が委託した民間事業者が郵送により調査票を配布し、郵送又はオンラインにより回収する自計調査の方法により行った。また、民間事業者から調査票を配布できない特別な事情がある場合は、地方農政局等の職員が調査票を配布・回収した。

　　ただし、民間事業者による調査で回答が得られない農業集落については、統計調査員が調査票を配布し、回収する自計調査又は調査員による面接調査（他計報告調査）の方法により行った。なお、感染症の発生、まん延等に起因し、統計調査員の訪問が困難な場合は、統計調査員又は地方農政局等の職員が電話による聞き取りを行う方法も可能とした。

　　また、「最も近いDID（人口集中地区）及び生活関連施設までの所要時間」及び農業集落の概況については、行政情報や民間データを活用して把握した。

8 集計方法

本調査は全数調査であることから、集計は有効回答となった調査票の単純積み上げにより行った。

また、未記入の項目がある一部の調査票のうち、

① 当該調査票の回答が得られた項目を基に補完することが可能な項目

② ①以外の項目であっても、選択式の項目であり、特定の選択肢に当てはめて補完することにより他の調査項目との不整合が生じない項目

に限り、必要な補完を行った上で、有効回答となった調査票も集計対象とした。

有効回答数については以下のとおり。

区　分	調査票	
	配布対象数	有効回答数
農林業経営体調査	1,118,708	1,092,250
農山村地域調査 （市区町村調査）	1,896	1,896
農山村地域調査 （農業集落調査）	138,243	138,243

注1： 農林業経営体調査の「調査票配布対象数」とは、調査員が訪問し、面接により農林業経営体に該当すると判定できた数である。

　2： 農林業経営体調査の「有効回答数」とは、「調査票配布対象数」のうち、適正に回答された調査票を回収できた経営体数及び回答必須項目に一部未記入があっても、必要な補完を行った結果、回答必須項目の未記入が全て解消された経営体数である。

9 実績精度

本調査は全数調査のため、実績精度の算出は行っていない。

Ⅲ 2020 年調査の主な変更点

【農林業経営体調査】

1 調査対象の属性区分の変更

2005 年農林業センサスで農業経営体の概念を導入し、2015 年調査までは、家族経営体と組織経営体に区分していた。2020 年調査では、法人経営を一体的に捉えるとの考えのもと、法人化している家族経営体と組織経営体を統合し、非法人の組織経営体と併せて団体経営体とし、非法人の家族経営体を個人経営体とした。

2 調査項目の見直し

(1) 調査項目の新設

　ア 青色申告の実施の有無、正規の簿記、簡易簿記等の別

　イ 有機農業の取組状況

　ウ 農業経営へのデータ活用の状況

(2) 調査項目の削減

　ア 自営農業とその他の仕事の従事日数の多少（これまでの農業就業人口の区分に利用）

　イ 世帯員の中で過去1年間に自営農業以外の仕事に従事した者の有無（これまでの専兼業別の分類に利用）

ウ　田、畑、樹園地の耕作放棄地面積

エ　農業機械の所有台数

オ　農作業の委託状況

カ　農外業種からの資本金、出資金提供の有無

キ　牧草栽培による家畜の預託事業の実施状況等

【農山村地域調査】
調査項目の見直し

「森林環境税及び森林環境譲与税に関する法律」（平成31年法律第3号）第28条に基づき、市町村に対する森林環境譲与税の譲与基準として私有林人工林面積が用いられることとなったため、市区町村調査票において、森林計画対象の森林面積の内訳として、新たに人工林面積を把握した。

一方で、旧市区町村別の林野面積についての調査項目を廃止した。

Ⅳ　農業集落の概念
1　農業集落とは

市区町村の区域の一部において農業上形成されている地域社会のことである。農業集落は、もともと自然発生的な地域社会であって、家と家とが地縁的、血縁的に結びつき、各種の集団や社会関係を形成してきた社会生活の基礎的な単位である。

具体的には、農道・用水施設の維持・管理、共有林野、農業用の各種建物や農機具等の利用、労働力（ゆい、手伝い）や農産物の共同出荷等の農業経営面ばかりでなく、冠婚葬祭その他生活面にまで密接に結びついた生産及び生活の共同体であり、さらに自治及び行政の単位として機能してきたものである。

2　農林業センサスにおける「農業集落」設定経過

(1)　昭和30年臨時農業基本調査（以下「臨農」という。）

「農業集落とは、農家が農業上相互に最も密接に共同しあっている農家集団である。」と定義し、市町村区域の一部において農業上形成されている地域社会のことを意味している。

具体的には、行政区や実行組合の重なり方や各種集団の活動状況から、農業生産面及び生活面の共同の範囲を調べて農業集落の範囲を決めた。

(2)　1970年世界農林業センサス

農業集落は農家の集団であるという点で臨農の定義を踏襲しているが、集団形成の土台には農業集落に属する土地があり、それを農業集落の領域と呼び、この領域の確認に力点を置いて設定した。この意味で農業集落の範囲を属地的に捉え、一定の土地（地理的な領域）と家（社会的な領域）とを成立要件とした農村の地域社会であるという考え方をとり、これを農業集落の区域とした。

(3)　1980年世界農林業センサス以降

農業集落の区域は、農林業センサスにおける最小の集計単位であると同時に、農業集落調査の調査単位であり、統計の連続性を考慮して農業集落の区域の修正は最小限にとどめることとし、原則として前回調査で設定した農業集落の区域を踏襲した。

(4) 2005年農林業センサス以降

これまでの農業集落の区域の認定方法と同様に、市区町村の合併・分割、土地区画整理事業などにより従来の農業集落の地域範囲が現状と異なった場合は、現況に即して修正を行い、それ以外の場合は、前回調査で設定した農業集落の区域を踏襲した。

Ⅴ　農業集落類型別統計の概要

本報告書は、都市化・混住化や過疎化・高齢化の進行等による農業・農村構造の現状と変容を明らかにするため、2020年農林業センサス農山村地域調査の調査対象である13万8,243農業集落について、農林業経営体や農業集落の状況を様々な属性区分により集計し作成した。

Ⅵ　農業集落類型の設定

農業・農村構造の現状と変容を明らかにするため、次の視点により農業集落の類型化を行った。

1　総農家数規模別類型

農業集落の区域内に所在する総農家数を、その規模により次の6区分とした。

なお、総農家数は2020年農林業センサス農林業経営体調査における総農家数とした。

(1) 9戸以下
(2) 10〜29戸
(3) 30〜49戸
(4) 50〜99戸
(5) 100〜149戸
(6) 150戸以上

2　主業経営体・団体経営体の有無別類型

農業集落内の主たる農業構成員である主業経営体及び団体経営体の状況を表す指標として、その有無別により次表のとおり区分した。

主業経営体あり	団体経営体あり
	団体経営体なし
主業経営体なし	団体経営体あり
	団体経営体なし

3 法制上の地域指定別構成員別類型

(1)及び(2)のそれぞれについて、主業経営体・団体経営体の有無別により次表のとおり区分した。

(1) 農業振興地域別にあっては、農業振興地域（農用地区域及び農用地区域外）及び農業振興地域外に区分した。

(2) 山村・過疎・特定農山村地域別にあっては、振興山村地域、過疎地域及び特定農山村地域の3区分に加え、当該3地域のいずれか2地域に該当する区分（3区分）、当該3地域の全てに該当する区分（1区分）及び当該3地域の全てに該当しない区分（1区分）の8区分に区分した。

主業経営体あり	団体経営体あり
	団体経営体なし
主業経営体なし	団体経営体あり
	団体経営体なし

4 農業集落主位作目別類型

農業生産の地域における経営部門の特色や産地化形成の状況をみる指標として、農業集落において、農業経営体が最も多い農産物販売金額1位部門の作目別に次の11区分とした。

なお、農業集落において、農業経営体が最も多い作物区分が複数となった場合は、当該農業集落は11区分の区分番号の最も上位にある作物区分に区分することとした。

(1) 稲作

(2) 麦類作

(3) 雑穀・いも類・豆類

(4) 工芸農作物

(5) 露地野菜

(6) 施設野菜

(7) 果樹類

(8) 花き・花木

(9) その他の作物

(10) 畜産（養蚕を含む。）

(11) 販売なし

Ⅶ　統計表の編成

1　統計表の概要

統計表の表章範囲は、全国農業地域及び各都道府県別である。

2　全国農業地域区分及び地方農政局管轄区域

統計表に用いた全国農業地域区分及び地方農政局管轄区域は次のとおりである。

(1)　全国農業地域区分

全国農業地域名	所　属　都　道　府　県　名
北海道	北海道
東北	青森、岩手、宮城、秋田、山形、福島
北陸	新潟、富山、石川、福井
関東・東山	（北関東、南関東、東山）
北関東	茨城、栃木、群馬
南関東	埼玉、千葉、東京、神奈川
東山	山梨、長野
東海	岐阜、静岡、愛知、三重
近畿	滋賀、京都、大阪、兵庫、奈良、和歌山
中国	（山陰、山陽）
山陰	鳥取、島根
山陽	岡山、広島、山口
四国	徳島、香川、愛媛、高知
九州	（北九州、南九州）
北九州	福岡、佐賀、長崎、熊本、大分
南九州	宮崎、鹿児島
沖縄	沖縄

(2)　地方農政局管轄区域

地方農政局名	所　属　都　道　府　県　名
東北農政局	(1)の東北の所属都道府県と同じ。
北陸農政局	(1)の北陸の所属都道府県と同じ。
関東農政局	茨城、栃木、群馬、埼玉、千葉、東京、神奈川、山梨、長野、静岡
東海農政局	岐阜、愛知、三重
近畿農政局	(1)の近畿の所属都道府県と同じ。
中国四国農政局	鳥取、島根、岡山、広島、山口、徳島、香川、愛媛、高知
九州農政局	(1)の九州の所属都道府県と同じ。

注：　東北農政局、北陸農政局、近畿農政局及び九州農政局の結果については、全国農業地域区分
　　　における各地域の結果と同じであることから、統計表章はしていない。

Ⅷ　用語の解説

【農林業経営体調査関係】
【農林業経営体（共通）】
1　農林業経営体

農林業経営体	農林産物の生産を行うか又は委託を受けて農林業作業を行い、生産又は作業に係る面積・頭羽数が、次の規定のいずれかに該当する事業を行う者をいう。 　(1)　経営耕地面積が30 a 以上の規模の農業 　(2)　農作物の作付面積又は栽培面積、家畜の飼養頭羽数又は出荷羽数、その他の事業の規模が次の農林業経営体の基準以上の農業 　　①露地野菜作付面積　　　　　　　　15 a 　　②施設野菜栽培面積　　　　　　　350 ㎡ 　　③果樹栽培面積　　　　　　　　　　10 a 　　④露地花き栽培面積　　　　　　　　10 a 　　⑤施設花き栽培面積　　　　　　　250 ㎡ 　　⑥搾乳牛飼養頭数　　　　　　　　　1 頭 　　⑦肥育牛飼養頭数　　　　　　　　　1 頭 　　⑧豚飼養頭数　　　　　　　　　　15 頭 　　⑨採卵鶏飼養羽数　　　　　　　150 羽 　　⑩ブロイラー年間出荷羽数　　1,000 羽 　　⑪その他　　調査期日前1年間における農業生産物の総販売額50万円に相当する事業の規模 　(3)　権原に基づいて育林又は伐採（立木竹のみを譲り受けてする伐採を除く。）を行うことができる山林（以下「保有山林」という。）の面積が3 ha以上の規模の林業（調査実施年を計画期間に含む「森林経営計画」を策定している者又は調査期日前5年間に継続して林業を行い、育林若しくは伐採を実施した者に限る。） 　(4)　農作業の受託の事業 　(5)　委託を受けて行う育林若しくは素材生産又は立木を購入して行う素材生産の事業（ただし、素材生産については、調査期日前1年間に200㎥以上の素材を生産した者に限る。）
農業経営体	農林業経営体のうち、(1)、(2)又は(4)のいずれかに該当する事業を行う者をいう。
林業経営体	農林業経営体のうち、(3)又は(5)のいずれかに該当する事業を行う者をいう。
個人経営体	個人（世帯）で事業を行う経営体をいう。なお、法人化して事業を行う経営体は含まない。
団体経営体	個人経営体以外の経営体をいう。

2　労働力等

世帯員	原則として住居と生計を共にしている者をいう。調査日現在出稼ぎ等に出ていてその家にいなくても生計を共にしている者は含むが、通学や就職のため他出して生活している子弟は除く。 　また、住み込みの雇人も除く。
役員・構成員	役員とは、会社等の組織経営における役員をいう。 　構成員とは、集落営農組織や協業経営体における構成員をいう。 　なお、役員会に出席するだけの者は含まない。
雇用者	農業（林業）経営のために雇った「常雇い」及び「臨時雇い」（手間替え・ゆい（労働交換）、手伝い（金品の授受を伴わない無償の受け入れ労働）を含む。）の合計をいう。 　農業経営の場合は、農業又は農業生産関連事業のいずれか、又は両方のために雇った人をいう。
常雇い	あらかじめ、年間7か月以上の契約（口頭の契約でもよい。）で主に農業（林業）経営のために雇った人（期間を定めずに雇った人を含む。）をいう。 　年間7か月以上の契約で雇っている外国人技能実習生を含める。 　農業経営の場合は、農業又は農業生産関連事業のいずれか、又は両方のために雇った人をいう。
臨時雇い	「常雇い」に該当しない日雇い、季節雇いなど農業（林業）経営のために一時的に雇った人のことをいい、手間替え・ゆい（労働交換）、手伝い（金品の授受を伴わない無償の受け入れ労働）を含む。 　なお、農作業（林業作業）を委託した場合の労働は含まない。 　また、主に農業（林業）以外の事業のために雇った人が一時的に農業（林業）経営に従事した場合及び「常雇い」として7か月以上の契約で雇った人がそれ未満で辞めた場合を含む。 　農業経営の場合は、農業又は農業生産関連事業のいずれか、又は両方のために雇った人をいう。

【農業経営体】
1　土地

経営耕地	調査期日現在で農林業経営体が経営している耕地（けい畔を含む田、樹園地及び畑）をいい、自ら所有し耕作している耕地（自作地）と、他から借りて耕作している耕地（借入耕地）の合計である。土地台帳の地目や面積に関係なく、実際の地目別の面積とした。 　**経営耕地の取扱い方** （1）　他から借りている耕地は、届出の有無に関係なく、また、口頭の賃借契約によるものも、全て借り受けている者の経営耕地（借入耕地）とした。 （2）　請負耕作や委託耕作などと呼ばれるものであっても、実際は一般の借入れと同じと考えられる場合は、その耕作を借り受けて耕作している者の経営耕地（借入耕地）とした。

(3) 耕起又は稲刈り等のそれぞれの作業を単位として、作業を請け負う者に委託している場合は、その耕地は委託者の経営耕地とした。

(4) 委託者が、収穫物の全てをもらい受ける契約で、作物の栽培一切を人に任せ、その代わりあらかじめ決めてある一定の耕作料を相手に支払う場合は、その耕地は委託者の経営耕地とした。

(5) 調査期日前1年間に1作しか行われなかった耕地で、その1作の期間を人に貸し付けていた場合は、貸し付けた者の経営耕地とはせず、貸付耕地（借り受けた側の経営耕地）とした。
なお、「また小作」している耕地も、「また小作している農家」の経営耕地（借入耕地）とした。

(6) 共有の耕地を割地として各戸で耕作している場合や、河川敷、官公有地内で耕作している場合も経営耕地（借入耕地）とした。

(7) 協業で経営している耕地は、自分の土地であっても、自らの経営耕地とはせず、協業経営体の経営耕地とした。

(8) 他の市区町村や他の都道府県に通って耕作（出作）している耕地でも、全てその農林業経営体の経営耕地とした。したがって、○○県や○○町の経営耕地面積として計上されているものは、その県や町に居住している農林業経営体が経営している経営耕地の面積であり、いわゆる属人統計であることに留意する必要がある。

耕地の取扱い方

(1) 耕地面積には、けい畔を含めた。棚田などでけい畔がかなり広い面積を占める場合には、本地面積の2割に当たる部分だけを田の面積に入れ（斜面の面積ではなく、水平面積を入れる。）、残りの部分については耕地以外の土地とした。

(2) 災害や労力の都合などで調査期日前1年間作物を栽培していなくても、ここ数年の間に再び耕作する意思のある土地は耕地とした。
しかし、ここ数年の間に再び耕作する意思のない土地は耕地とはしなかった。

(3) 新しく開墾した土地は、は種できるように整地した状態になっていても、調査期日までに1回も作付けしていなければ耕地とはしなかった。

(4) 宅地内でも1a以上まとまった土地に農作物を栽培している場合は耕地とした。

(5) ハウス、ガラス室などの敷地は耕地とした。
なお、コンクリート床などで地表から植物体が遮断されている場合や、きのこ栽培専門のものの敷地は耕地とはしなかった。ただし、農地法第43条に基づきコンクリート床など転換した農地は耕地とした。

(6) 普通畑に牧草を作っている場合は耕地とした。また、林野を耕起して作った牧草地（いわゆる造成草地）も耕地とした。
なお、施肥・補はんなどの肥培管理をしている牧草栽培地は、は種後何年経過していても耕地とし、肥培管理をやめていて近く更新することが確定していないものは耕地以外の土地とした。

(7) 堤防と河川・湖沼との間にある土地に作物を栽培している場合は耕地とした。

(8) 植林用苗木を栽培している土地は耕地とした。

(9) 肥培管理を行っているたけのこ、くり、くるみ、山茶、こうぞ、みつまた、はぜ、こりやなぎ、油桐、あべまき、うるし、つばきなどの栽培地は耕地とした（刈敷程度は肥培管理とみなさない。）。

田	耕地のうち、水をたたえるためのけい畔のある土地をいう。 　水をたたえるということは、人工かんがいによるものだけではなく、自然に耕地がかんがいされるようなものも含めた。したがって、天水田、湧水田なども田とした。 　(1)　陸田（もとは畑であったが、現在はけい畔を作り水をたたえるようにしてある土地やたん水のためビニールを張り水稲を作っている土地）も田とした。 　(2)　ただし、もとは田であってけい畔が残っていても、果樹・桑・茶など永年性の木本性周年植物を栽培している耕地は田とせず樹園地とした。また、同様にさとうきびを栽培していれば普通畑とした。 　　　なお、水をたたえるためのけい畔を作らず畑地にかんがいしている土地は、たとえ水稲を作っていても畑とした。
畑	耕地のうち田と樹園地を除いた耕地をいう。 　なお、焼畑、切替畑（林野で抜根せず、火入れにより作物を栽培する畑及び畑と山林を輪番し、切り替えて利用する畑）など不安定な土地も畑とした。
樹園地	木本性周年作物を規則的又は連続的に栽培している土地で果樹、茶、桑などが1a以上まとまっているもの（一定の畝幅及び株間を持ち、前後左右に連続して栽培されていることをいう。）で肥培管理している土地をいう。 　花木類などを5年以上栽培している土地もここに含めた。 　なお、樹園地に間作している場合は、利用面積により普通畑と樹園地に分けて計上した。
耕地以外で採草地・放牧地として利用した土地	保有又は借り入れている山林、原野等で、過去1年間に飼料用や肥料用に採草したり、放牧又はけい牧地として利用した土地のことをいう。

2　農業生産
(1)　販売目的の作物

販売目的の作物	販売を目的で作付け（栽培）した作物であり、自給用のみを作付け（栽培）した場合は含めない。 　また、販売目的で作付け（栽培）したものを、たまたまその一部を自給向けにした場合は含めた。
作付面積	は種又は植付けしてからおおむね1年以内に収穫され、複数年にわたる収穫ができない非永年性作物を作付けた面積をいう。

(2)　販売目的の家畜

乳用牛	現在搾乳中の牛（乾乳中の牛を含む。）のほか、将来搾乳する目的で飼っている牛、種牛（種牛候補を含む。）及びと殺前に一時肥育している乳廃牛をいう。 　なお、肉用として肥育している未経産牛や肉用のおす牛、産後すぐ（1週間程度）に肉用として売る予定の子牛は、ここには含めず肉用牛に含めた。

肉用牛	肉用を目的として飼養している乳用牛以外の牛をいう。 乳用牛、肉用牛の区分は、品種区分ではなく、利用目的によって区分しており、乳用種のおすばかりでなく、子取り用のめす牛や未経産のめす牛も肥育を目的として飼養している場合は肉用牛とした。
豚	自ら肥育し、肉用として販売することを目的に飼養している豚及び子取り用に飼養している6か月齢以上のめす豚をいう。
採卵鶏	卵の販売目的で飼養している鶏（ひなどりを含む。）をいう。 種鶏やブロイラー、愛玩用の東天紅・尾長鳥・ちゃぼなどは含まない。 なお、廃鶏も調査期日現在でまだ飼養していれば、便宜上ここに含めた。
ブロイラー	当初から食用に供する目的で飼養し、原則としてふ化後3か月未満で肉用として出荷した鶏をいう。 肉用種、卵用種は問わない。

3 農業経営の取組

農業生産関連事業	「農産物の加工」、「消費者に直接販売」、「小売業」、「観光農園」、「貸農園・体験農園」、「農家民宿」、「農家レストラン」、「海外への輸出」、「再生可能エネルギー発電」など農業生産に関連した事業をいう。
農産物の加工	販売を目的として、自ら生産した農産物をその使用割合の多少にかかわらず用いて加工している事業をいう。
消費者に直接販売	自ら生産した農産物やその加工品を消費者などに販売している（インターネット販売を含む。）事業や、消費者などと販売契約して直送する事業をいう。
小売業	自ら生産した農産物やその加工品を消費者などに販売している（インターネットや行商などにより店舗をもたないで販売している場合を含む。）事業や、消費者などと販売契約して直送する事業をいう。 なお、自らが経営に参加していない直売所等は含まない点で、「消費者に直接販売」とは異なる。
観光農園	農業を営む者が、観光客等を対象に、自ら生産した農産物の収穫等の一部の農作業を体験させ又はほ場を観賞させて、料金を得ている事業をいう。
貸農園・体験農園等	所有又は借り入れている農地を、第三者を経由せず、農園利用方式等により非農業者に利用させ、使用料を得ている事業をいう。 なお、自己所有耕地を地方公共団体・農協が経営する市民農園に有償で貸与しているものは含まない。

農家民宿	農業を営む者が、旅館業法（昭和23年法律第138号）に基づき都道府県知事等の許可を得て、観光客等の第三者を宿泊させ、自ら生産した農産物や地域の食材をその使用割合の多少にかかわらず用いた料理を提供し、料金を得ている事業をいう。
農家レストラン	農業を営む者が、食品衛生法（昭和22年法律第233号）に基づき、都道府県知事等の許可を得て、不特定の者に、自ら生産した農産物や地域の食材をその使用割合の多少にかかわらず用いた料理を提供し代金を得ている事業をいう。
海外への輸出	農業を営む者が、収穫した農産物等を直接又は商社や団体を経由（手続きの委託や販売の代行のため）して海外へ輸出している場合、又は輸出を目的として農産物を生産している場合をいう。
再生可能エネルギー発電	農林地等において再生することが可能な資源（バイオマス、太陽光、水力等）から発電している事業をいう。
青色申告	不動産所得、事業所得、山林所得のある人で、納税地の所轄税務署長の承認を受けた人が確定申告を行う際に、一定の帳簿を備え付け、日々の取引を記帳し、その記録に基づいて申告する制度をいう。
正規の簿記	損益計算書と貸借対照表が導き出せる組織的な簿記の方式　（一般的には複式簿記）を行っている場合をいう。
簡易簿記	「正規の簿記」以外の簡易な帳簿による記帳を行っている場合をいう。
現金主義	現金主義による所得計算の特例を受けている場合をいう。
有機農業	化学肥料及び農薬を使用せず、遺伝子組換え技術も利用しない農業のことで、減化学肥料・減農薬栽培は含まない。 　また、自然農法に取り組んでいる場合や有機JASの認証を受けていない者でも、化学肥料及び農薬を使用せず、遺伝子組換え技術も利用しないで農業に取り組んでいる場合を含む。
農業経営を行うためにデータを活用	効率的かつ効果的な農業経営を行うためにデータ（財務、市況、生産履歴、生育状況、気象状況、栽培管理などの情報）を活用することをいい、次のいずれかの場合をいう。
データを取得して活用	気象、市況、土壌状態、地図、栽培技術などの経営外部データを取得するツールとしてスマートフォン、パソコン、タブレット、携帯電話、新聞などを用いて、取得したデータを効率的かつ効果的な農業経営を行うために活用することをいう。

データを取得・記録して活用	「データを取得して活用」で取得した経営外部データに加え、財務、生産履歴、栽培管理、ほ場マップ情報、土壌診断情報などの経営内部データをスマートフォン、パソコン、タブレット、携帯電話などを用いて、取得したものをこれに記録して効率的かつ効果的な農業経営を行うために活用することをいう。
データを取得・分析して活用	「データを取得して活用」や「データを取得・記録して活用」で把握したデータに加え、センサー、ドローン、カメラなどを用いて、気温、日照量、土壌水分・養分量、CO_2濃度などのほ場環境情報や、作物の大きさ、開花日、病気の発生などの生育状況といった経営内部データを取得し、専用のアプリ、パソコンのソフトなどで分析（アプリ・ソフトの種類、分析機能の水準などは問わない。）して効率的かつ効果的な農業経営を行うために活用することをいう。

【個人経営体】

1　主副業別

主業経営体	農業所得が主（世帯所得の50%以上が農業所得）で、調査期日前1年間に自営農業に60日以上従事している65歳未満の世帯員がいる個人経営体をいう。
準主業経営体	農外所得が主（世帯所得の50%未満が農業所得）で、調査期日前1年間に自営農業に60日以上従事している65歳未満の世帯員がいる個人経営体をいう。
副業的経営体	調査期日前1年間に自営農業に60日以上従事している65歳未満の世帯員がいない個人経営体をいう。

2　農業従事者等

農業従事者	15歳以上の世帯員のうち、調査期日前1年間に自営農業に従事した者をいう。
基幹的農業従事者	15歳以上の世帯員のうち、ふだん仕事として主に自営農業に従事している者をいう。

【農山村地域調査関係】

農業集落	市区町村の区域の一部において、農業上形成されている地域社会のことをいう。農業集落は、もともと自然発生的な地域社会であって、家と家とが地縁的、血縁的に結びつき、各種の集団や社会関係を形成してきた社会生活の基礎的な単位である。
農業地域類型	短期の社会経済変動に対して、比較的安定している土地利用指標を中心とした基準指標によって市町村及び旧市区町村（昭和25年2月1日時点の市区町村）を分類したものである。

農業地域類型	基　準　指　標
都 市 的 地 域	○可住地に占めるＤＩＤ面積が5％以上で、人口密度500人以上又はＤＩＤ人口2万人以上の旧市区町村又は市町村。 ○可住地に占める宅地等率が60％以上で、人口密度500人以上の旧市区町村又は市町村。ただし、林野率80％以上のものは除く。
平地農業地域	○耕地率20％以上かつ林野率50％未満の旧市区町村又は市町村。ただし、傾斜20分の1以上の田と傾斜8度以上の畑の合計面積の割合が90％以上のものを除く。 ○耕地率20％以上かつ林野率50％以上で、傾斜20分の1以上の田と傾斜8度以上の畑の合計面積の割合が10％未満の旧市区町村又は市町村。
中間農業地域	○耕地率20％未満で、「都市的地域」及び「山間農業地域」以外の旧市区町村又は市町村。 ○耕地率20％以上で、「都市的地域」及び「平地農業地域」以外の旧市区町村又は市町村。
山間農業地域	○林野率80％以上かつ耕地率10％未満の旧市区町村又は市町村。

注1： 決定順位：都市的地域 → 山間農業地域 → 平地農業地域・中間農業地域
　2： 傾斜は、1筆ごとの耕作面の傾斜ではなく、団地としての地形上の主傾斜をいう。
　3： 本書に用いた農業地域類型区分は、平成29年12月18日改定(平成29年12月18日付け29統計第1169号)のものである。

都市計画区域	都市計画法（昭和43年法律第100号）第5条に基づき指定されている区域をいう。
市街化区域、市街化調整区域	都市計画法第7条に規定する区域をいう。
線引きなし	都市計画区域内であって市街化区域又は市街化調整区域に該当しないものをいう。
農業振興地域	農業振興地域の整備に関する法律（昭和44年法律第58号。以下「農振法」という。）第6条第1項に基づき指定されている地域をいう。
農用地区域	農振法第8条第2項第1号に規定する農用地等として利用すべき土地の区域をいう。

振興山村地域	山村振興法（昭和40年法律第64号）第7条第1項に基づき指定されている地域をいう。
豪雪地帯	豪雪地帯対策特別措置法（昭和37年法律第73号）第2条第1項に基づき指定されている地域をいう。
特別豪雪地帯	豪雪地帯対策特別措置法第2条第2項に基づき指定されている地域をいう。
離島振興対策実施地域	離島振興法（昭和28年法律第72号）第2条第1項に基づき指定されている地域をいう。
特定農山村地域	特定農山村地域における農林業等の活性化のための基盤整備の促進に関する法律（平成5年法律第72号。以下「特定農山村法」という。）第2条第1項に規定する地域をいう。
過疎地域	過疎地域自立促進特別措置法（平成12年法律第15号）第2条第1項に規定する区域をいう。
半島振興対策実施地域	半島振興法（昭和60年法律第63号）第2条第1項に基づき指定されている地域をいう。
特認地域	地域振興立法8法（特定農山村法、山村振興法、過疎地域自立促進特別措置法、半島振興法、離島振興法、沖縄振興特別措置法（平成14年法律第14号）、奄美群島振興開発特別措置法（昭和29年法律第189号）及び小笠原諸島振興開発特別措置法（昭和44年法律第79号）の指定地域以外で、中山間地域等直接支払制度により、地域の実態に応じて都道府県知事が指定する、生産条件の不利な地域をいう。
ＤＩＤ（人口集中地区）	国勢調査において、都市的地域の特質を明らかにする統計上の地域単位として決定された地域単位で、人口密度約4,000人/k㎡以上の国勢調査基本単位区がいくつか隣接し、合わせて人口5,000人以上を有する地域をいう。（ＤＩＤ：Densely Inhabited District）
生活関連施設	本調査では、市区町村役場、農協、警察・交番、病院・診療所、小学校、中学校、公民館、スーパーマーケット・コンビニエンスストア、郵便局、ガソリンスタンド、駅、バス停、空港、高速自動車道路のインターチェンジをいう。
市区町村役場	市役所、区役所、町村役場、役所・役場の支所及び出張所を対象とした。

農協	農協本所及び農協支所から、窓口業務があり、かつＡＴＭが設置されている施設を対象とした。
警察・交番	警察署及び交番を対象とした。
病院・診療所	内科又は外科のある病院又は診療所を対象とした。
小学校	公立の小学校を対象とした。
中学校	公立の中学校及び中等教育学校を対象とした。
公民館	ホール、会館及び公民館のうち、国土交通省がインターネットで公開している国土数値情報（http://nlftp.mlit.go.jp/ksj/）の公的公民館にマッチングする施設を対象とした。
スーパーマーケット・コンビニエンスストア	スーパーマーケット及びコンビニエンスストアを対象とした。 なお、ドラッグストアは除いた。
郵便局	中央郵便局、普通郵便局、特定郵便局及び簡易郵便局を対象とした。
ガソリンスタンド	ガソリンスタンドを対象とした。 なお、タクシー会社内にあるガソリンスタンドは除いた。
駅	ＪＲ、私鉄、地下鉄、モノレール、新交通（※）及び路面電車の鉄道駅を対象とした。 ※新交通とは、新規の技術開発によって従来の交通機関とは異なる機能や特性をもつ交通手段をいう。
バス停	高速バス、路線バス及びコミュニティバスを対象とした。
空港	空港法（昭和三十一年法律第八十号）第２条の規定により、拠点空港（28施設）及び地方管理空港（54施設）を対象とした。 なお、共用空港及びその他の空港は除いた。
高速自動車道路のインターチェンジ	高速自動車道のインターチェンジを対象とした。
交通手段	ある場所から別の場所へ向かうための移動手段をいう。
徒歩	乗り物を使用せず歩いて移動する場合をいう。

自動車	自動車を使用して移動する場合をいう。
公共交通機関	バス、鉄道及び船等を使用して移動する場合をいう。
所要時間	農業集落の中心地から農業集落に最も近いＤＩＤの中心地にある施設又は最寄りの生活関連施設に移動する際の所要時間をいう。 なお、ガソリンスタンドまでの徒歩及び公共交通機関、バス停までの公共交通機関、高速自動車道路のインターチェンジまでの徒歩及び公共交通機関での所要時間の把握は、用途がないため除いた。
計測不能	以下の(1)～(5)の理由等により所要時間を把握できなかった場合をいう。 (1) 農業集落の中心地から直線距離100km圏内にＤＩＤ中心施設がない。 (2) 離島の農業集落であり、かつ、島内に対象施設がない又は定期船等の公共交通機関がない。 (3) 農業集落の中心地から最寄りのバス停又は駅が、対象施設よりも遠い場所にある。 (4) 農業集落の中心地から最寄りのバス停又は駅と対象施設の最寄りのバス停又は駅が同一である。 (5) 検索ソフトの機能上、公共交通機関による経路検索ができない。
農家数	農林業経営体調査で把握した農家数。 農家とは、調査期日現在で、経営耕地面積が 10 a 以上の農業を営む世帯又は経営耕地面積が 10 a 未満であっても、調査期日前 1 年間における農産物販売金額が 15 万円以上あった世帯をいう。 なお、「農業を営む」とは、営利又は自家消費のために耕種、養畜、養蚕、又は自家生産の農産物を原料とする加工を行うことをいう。
耕地	農作物の栽培を目的とする土地のことをいい、けい畔は耕地に含む。
田	耕地のうち、水をたたえるためのけい畔のある土地をいう。
畑	耕地のうち田と樹園地を除いた耕地をいう。
樹園地	木本性周年作物を規則的又は連続的に栽培している土地で果樹、茶、桑などが 1 a 以上まとまっているもの（一定のうね幅及び株間を持ち、前後左右に連続して栽培されていることをいう。）で肥培管理している土地をいう。
耕地率	総土地面積に占める耕地面積の割合をいう。

水田率	耕地面積に占める田面積の割合をいう。 　なお、水田率を用いて農業集落の農業経営の基盤的条件の差異を示した区分は次のとおりであるが、この区分は地域農業構造の特性を把握するための統計上の区分であり、制度上や施策上の取扱いに直接結びつくものではない。
水田集落	水田率が70%以上の集落をいう。
田畑集落	水田率が30%以上70%未満の集落をいう。
畑地集落	水田率が30%未満の集落をいう。
地域としての取組	農地や山林等の地域資源の維持・管理機能、収穫期の共同作業等の農業生産面での相互補完機能、冠婚葬祭等の地域住民同士が相互に扶助しあいながら生活の維持・向上を図る取組をいう。 　本調査では、次のいずれかの項目が該当する場合に「地域としての取組がある農業集落」と判定した。 　・寄り合いを開催している。 　・地域資源の保全が行われている。 　・実行組合が存在している。
実行組合	農家によって構成された農業生産にかかわる連絡・調整、活動などの総合的な役割を担っている集団のことをいう。 　具体的には、生産組合、農事実行組合、農家組合、農協支部など様々な名称で呼ばれているが、その名称にかかわらず、総合的な機能をもつ農業生産者の集団をいう。 　ただし、出荷組合、酪農組合、防除組合など農業の一部門だけを担当する団体は除いた。 　また、集落営農組織についても、農業集落の農業生産活動の総合的な機能を持つ集団と判断できる場合は、実行組合とみなした。
寄り合い	原則として、地域社会又は地域の農業生産に関わる事項について、農業集落の住民が協議を行うために開く会合をいう。 　なお、農業集落の全世帯あるいは全農家を対象とした会合ではなくても、農業集落内の各班における代表者、役員等を対象とした会合において、地域社会又は地域の農業生産に関する事項について意思決定がされているものは寄り合いとみなした。 　ただし、婦人会、子供会、青年団、４Ｈクラブ等のサークル活動的なものは除いた。
農業生産にかかる事項	生産調整・転作、共同で行う防除や出荷、鳥獣被害対策、農作業の労働力調整等の農業生産に関する事項をいう。

農道・農業用用排水路・ため池の管理	農道、農業用用排水路、ため池の補修、草刈り、泥上げ、清掃等の農道、農業用用排水路及びため池の維持・管理に関する事項をいう。
集落共有財産・共用施設の管理	農業集落における農業機械・施設や共有林などの共有財産や、共用の生活関連施設の維持・管理に関する事項をいう。
環境美化・自然環境の保全	農業集落内の清掃、空き缶拾い、草刈り、花の植栽等の環境美化や自然資源等の保全等に関する事項をいう。
農業集落行事（祭り・イベントなど）の実施	寺社や仏閣における祭り（祭礼、大祭、例祭等）、運動会、各種イベント等の集落行事の実施に関する事項をいう。
農業集落内の福祉・厚生	農業集落内の高齢者や子供会のサービス（介護活動、子供会など）やごみ処理、リサイクル活動、共同で行う消毒等に関する事項をいう。
定住を推進する取組	ＵＩＪターン者等の定住につなげる取組に関する事項をいう。 　具体的には、定住希望者の募集、受入態勢を整備するための空き家・廃校等の整備等が該当する。
グリーン・ツーリズムの取組	農山村地域における自然、文化、人々との交流を楽しむ余暇活動に関する事項をいう。 　具体的には、滞在期間にかかわらず、余暇活動の受入れを目的とした取組で、農産物直販所、観光農園、農家民宿を利用したものや、農業体験、ボランティアを取り入れたもの等が該当する。
６次産業化への取組	農業集落で生産された農林水産物及びその副産物（バイオマスなど）を使用して加工・販売を一体的に行う、地域資源を活用して雇用を創出するなどの所得の向上につなげる取組に関する事項をいう。 　具体的には、地元農産物の直売、加工、輸出等の経営の多角化・複合化や２次、３次産業との連携による地元農産物の供給、学校、病院等に食材を供給する施設給食、機能性食品や介護食品に原材料を供給する医福食農連携、ネット販売等のＩＣＴ活用・流通連携等が該当する。
再生可能エネルギーの取組	地域資源を利用して行う、再生可能エネルギー（太陽光、小水力、風力、地熱、バイオマス等）の取組に関する事項をいう。 　具体的には、農地や林地の転用地への太陽光発電パネルの設置、農業用用排水路への発電施設の設置等が該当する。
地域資源	本調査では、農業集落内にある、農地、農業用用排水路、森林、河川・水路、ため池・湖沼をいう。

地域資源の保全	地域住民等が主体となり地域資源を農業集落の共有資源として、保全、維持、向上を目的に行う行為をいう。 　なお、地域住民のうちの数戸で共同保全しているものについては含めるが、個人が自らの農業生産活動のためだけに、維持・管理を行っている場合は除いた。
農地	農地法（昭和27年法律第229号）第2条に規定する耕作の目的に供される土地をいう。 　なお、農地の有無については、調査期日時点で公開されている最新の筆ポリゴン（※）情報との整合を確認したうえで決定した。 　※筆ポリゴンとは、農林水産省が実施する耕地面積調査等の母集団情報として、衛星画像等をもとに筆ごとの形状に沿って作成した農地の区画情報をいい、令和元年6月に公開されているものを用いた。
農業用用排水路	農業集落内のほ場周辺にある農業用の用水又は排水のための施設をいい、生活用用排水路と兼用されているものを含めた。 　なお、公的機関（都道府県、市区町村、土地改良区等）が主体となって管理している用水又は排水施設は除いた。
森林	森林法（昭和26年法律第249号）第2条第1項に規定する「森林」をいい、木竹が集団的に生育している土地及び木竹の集団的な生育に供されている土地をいう。
河川・水路	一級河川、二級河川のほか小川等の小さな水流及び運河をいう。 　なお、農業用又は生活用の用排水路は除いた。
ため池・湖沼	次のいずれかの条件に該当するものをいう。 　(1)　かんがい用水をためておく人工または天然の池 　(2)　川や谷が種々の要因でせき止められたもの 　(3)　地が鍋状に陥没してできた凹地に水をたたえたもの 　(4)　火口、火口原に水をたたえたもの 　(5)　かつて海であったものが湖になったもの 　(6)　その他、四方を陸地に囲まれた窪地に水が溜まったもの
都市住民との連携・交流	地域住民と都市住民が合同で地域資源の保全又は活性化の取組を行っている場合をいう。 　具体的には、地域住民が立ち上げた保全ボランティアの会に都市住民が登録し、一体となってそれぞれの地域資源の保全を行っている場合や、農村地域に興味を持つ都市住民を受入れ、一体となって活性化のための各種活動を行っている場合などをいう。 　なお、都市住民とは、農業集落の旧市区町村外の市街化地域や都市的地域に類する地域等の非農家のことをいう。

NPO・学校・ 企業と連携	地域住民とNPO・学校・企業が合同でそれぞれの地域資源の保全や活性化のための各種活動を行っている場合などをいう。 　具体的には、幼稚園や小学校等の校外学習の一環としての農業体験などが該当する。

　なお、本報告書に掲載されている以外の用語については、2020年農林業センサスに関する次の報告書の「利用者のために」の「用語の解説」を参照されたい。
　1　農林業経営体調査に関する事項
　　第2巻　農林業経営体調査報告書　－総括編－
　2　農山村地域調査に関する事項
　　第7巻　農山村地域調査報告書

IX　生活関連施設までの所要時間の把握方法
1　使用データ
　バス停においては、ジョルダン株式会社のバス停データ（令和2年1月時点）を使用し、その他の施設については、株式会社ゼンリンの住宅地図調査（令和元年12月）に基づくデータを使用した。

2　生活関連施設
　該当施設が複数存在する場合は、交通手段別に農業集落の中心地から最も所要時間が短い施設を対象としたが、市区町村役場、農協、警察・交番及び公民館については、該当市区町村内の施設を優先し、小学校及び中学校については、各校区内の学校を対象とした。なお、農業集落の中心地から直線距離100km圏外の施設は除いた。

3　経路検索条件
（1）　徒歩
　　幅員5.5m以上の道路を経路条件として優先し、徒歩速度は時速4kmとした。
　　なお、有料道路は原則、経路条件から除いた。
（2）　自動車
　　幅員5.5m以上の道路を経路条件として優先し、自動車速度は国土交通省がインターネットで公開している「平成27年度全国道路・街路交通情勢調査」の12時間平均旅行速度に設定した。
（3）　公共交通機関
　　「駅すぱあと®（株式会社ヴァル研究所）」（令和2年1月版）に収録された路線網に準じて経路検索を行った。

4　所要時間の算出
　所要時間は、農業集落の中心地から直線距離が近く、かつ上記の条件を満たした同じ種類の施設を最大で3施設抽出し、抽出した全ての施設を徒歩、自動車及び公共交通機関別に経路検索したうえで、交通手段別に所要時間が最も短い施設までの結果を採用した。
　なお、公共交通機関の所要時間については、農業集落の中心地から最寄りのバス停又は駅までの徒歩の所要時間、到着地のバス停又は駅から対象施設までの徒歩の所要時間を公共交通機関の所要時間に含めた。
　また、公共交通機関の待ち時間は、最初にアクセスする場合は0分とし、その後に乗り継ぐ際は、平均乗り継ぎ時間とした。

X 利用上の注意

1 農業集落類型別統計の集計対象は農山村地域調査の調査対象農業集落（全域が市街化区域に含まれる農業集落を除いた農業集落）であるため、本統計表における経営体数、経営耕地面積等の数値は「第2巻農林業経営体調査報告書－総括編－」とは一致しない。

2 表中に使用した記号は次のとおりである。
「0」 ： 単位に満たないもの。（例：0.4ha → 0ha）
「－」 ： 調査は行ったが事実のないもの。

3 統計数値については、集計過程において四捨五入しているため、各数値の積み上げ値と合計あるいは合計の内訳の計が一致していない場合がある。

4 この統計表に掲載された数値を他に転載する場合は、「2020年農林業センサス」（農林水産省）による旨を記載してください。

5 本報告書に掲載されている「第Ⅱ部法制上の地域指定別」及び「第Ⅲ部ＤＩＤまでの所要時間別」の統計表については、全国のみを表章範囲（表側）としているが、農林水産省ホームページにおいて、全国農業地域及び各都道府県別を表章範囲（表側）として掲載している。

6 本統計のデータは、農林水産省ホームページの統計情報に掲載している分野別分類の「農家数、担い手、農地など」で御覧いただけます。
【 https://www.maff.go.jp/j/tokei/kouhyou/noucen/index.html 】
なお、統計データ等に訂正等があった場合には、同ホームページに正誤表とともに修正後の統計表等を掲載します。

XI 報告書の刊行一覧

農林業センサスについて刊行する報告書は、次のとおりである。
第1巻 都道府県別統計書（全47冊）
第2巻 農林業経営体調査報告書 －総括編－
第3巻 農林業経営体調査報告書 －農林業経営体分類編－
第4巻 農林業経営体調査報告書 －農業経営部門別編－
第5巻 農林業経営体調査報告書 －抽出集計編－
第6巻 農林業経営体調査報告書 －構造動態編－
第7巻 農山村地域調査報告書
第8巻 農業集落類型別統計報告書
別 冊 英文統計書

XII お問合せ先

農林水産省大臣官房統計部経営・構造統計課
センサス統計室農林業センサス統計第1班（農林業経営体調査に関すること）
電話：０３－３５０２－８１１１ 内線３６６５
直通：０３－３５０２－５６４８

農林水産省大臣官房統計部経営・構造統計課
センサス統計室農林業センサス統計第2班（農山村地域調査に関すること）
　　電話：０３－３５０２－８１１１　　内線３６６７
　　直通：０３－６７４４－２２５６

※　本調査に関するご意見・ご要望は、上記問合せ先のほか、農林水産省ホームページでも
　受け付けております。
　　【　https://www.contactus.maff.go.jp/j/form/tokei/kikaku/160815.html　】

《　統　　計　　表　》

第Ⅰ部　全国農業地域・都道府県別

1 総農家規模別類型農業集落数

全国農業地域 ・ 都道府県		計	9戸以下	10〜29	30〜49	50〜99	100〜149
全 国	(1)	138,243	72,093	55,450	8,231	2,291	155
（全国農業地域）							
北 海 道	(2)	7,066	5,975	1,044	42	5	−
都 府 県	(3)	131,177	66,118	54,406	8,189	2,286	155
東 北	(4)	17,590	7,021	8,542	1,574	413	35
北 陸	(5)	11,046	6,674	3,888	397	85	2
関 東 ・ 東 山	(6)	24,260	9,313	11,842	2,225	800	67
北 関 東	(7)	9,037	2,828	4,910	967	313	17
南 関 東	(8)	8,892	4,028	4,230	504	114	10
東 山	(9)	6,331	2,457	2,702	754	373	40
東 海	(10)	11,556	4,700	5,308	1,140	383	22
近 畿	(11)	10,795	4,167	5,166	1,164	288	10
中 国	(12)	19,616	12,885	6,285	378	66	2
山 陰	(13)	5,715	3,727	1,838	134	16	−
山 陽	(14)	13,901	9,158	4,447	244	50	2
四 国	(15)	11,059	6,555	4,126	319	56	3
九 州	(16)	24,515	14,508	8,972	886	140	9
北 九 州	(17)	15,806	8,836	6,268	615	86	1
南 九 州	(18)	8,709	5,672	2,704	271	54	8
沖 縄	(19)	740	295	277	106	55	5
（都道府県）							
北 海 道	(20)	7,066	5,975	1,044	42	5	−
青 森	(21)	1,782	637	759	242	117	24
岩 手	(22)	3,614	1,344	1,962	280	25	3
宮 城	(23)	2,636	965	1,331	295	45	−
秋 田	(24)	2,761	1,300	1,219	195	46	−
山 形	(25)	2,733	1,257	1,166	218	88	3
福 島	(26)	4,064	1,518	2,105	344	92	5
茨 城	(27)	3,799	1,008	2,173	467	144	6
栃 木	(28)	3,274	1,229	1,828	182	34	1
群 馬	(29)	1,964	591	909	318	135	10
埼 玉	(30)	3,977	2,019	1,821	118	19	−
千 葉	(31)	3,497	1,396	1,794	250	55	2
東 京	(32)	143	77	21	16	15	8
神 奈 川	(33)	1,275	536	594	120	25	−
新 潟	(34)	5,093	2,597	2,132	297	65	2
富 山	(35)	2,217	1,576	592	36	13	−
石 川	(36)	1,918	1,322	566	28	2	−
福 井	(37)	1,818	1,179	598	36	5	−
山 梨	(38)	1,610	667	677	181	77	8
長 野	(39)	4,721	1,790	2,025	573	296	32
岐 阜	(40)	3,039	1,266	1,383	296	90	4
静 岡	(41)	3,337	1,468	1,492	291	84	2
愛 知	(42)	3,046	1,089	1,455	328	156	15
三 重	(43)	2,134	877	978	225	53	1
滋 賀	(44)	1,545	669	734	115	27	−
京 都	(45)	1,684	736	761	150	37	−
大 阪	(46)	773	205	405	120	41	2
兵 庫	(47)	3,748	1,188	2,014	450	93	3
奈 良	(48)	1,446	619	662	139	26	−
和 歌 山	(49)	1,599	750	590	190	64	5
鳥 取	(50)	1,624	642	861	107	14	−
島 根	(51)	4,091	3,085	977	27	2	−
岡 山	(52)	4,530	2,488	1,856	158	27	1
広 島	(53)	5,210	3,478	1,635	73	23	1
山 口	(54)	4,161	3,192	956	13	−	−
徳 島	(55)	2,248	1,164	971	101	12	−
香 川	(56)	3,179	1,907	1,223	45	4	−
愛 媛	(57)	3,176	1,819	1,183	132	39	3
高 知	(58)	2,456	1,665	749	41	1	−
福 岡	(59)	3,430	1,693	1,557	160	20	−
佐 賀	(60)	1,931	1,206	633	75	16	1
長 崎	(61)	2,931	1,775	1,015	120	21	−
熊 本	(62)	4,202	2,163	1,829	184	26	−
大 分	(63)	3,312	1,999	1,234	63	16	−
宮 崎	(64)	2,653	1,383	1,116	136	18	−
鹿 児 島	(65)	6,056	4,289	1,588	135	36	8
沖 縄	(66)	740	295	277	106	55	5
関 東 農 政 局	(67)	27,597	10,781	13,334	2,516	884	69
東 海 農 政 局	(68)	8,219	3,232	3,816	849	299	20
中 国 四 国 農 政 局	(69)	30,675	19,440	10,411	697	122	5

2 主業経営体・団体経営体の有無別類型農業集落数

単位：集落

単位：集落

150戸以上	計	主業経営体あり		主業経営体なし		
		団体経営体あり	団体経営体なし	団体経営体あり	団体経営体なし	
23	138,243	18,900	49,262	8,726	61,355	(1)
－	7,066	2,120	2,985	306	1,655	(2)
23	131,177	16,780	46,277	8,420	59,700	(3)
5	17,590	3,562	7,744	837	5,447	(4)
－	11,046	1,428	2,867	1,623	5,128	(5)
13	24,260	3,268	10,264	976	9,752	(6)
2	9,037	1,441	4,466	288	2,842	(7)
6	8,892	993	3,634	361	3,904	(8)
5	6,331	834	2,164	327	3,006	(9)
3	11,556	1,264	3,655	794	5,843	(10)
－	10,795	1,298	3,278	1,110	5,109	(11)
－	19,616	1,137	4,326	1,439	12,714	(12)
－	5,715	455	1,216	516	3,528	(13)
－	13,901	682	3,110	923	9,186	(14)
－	11,059	821	4,002	431	5,805	(15)
－	24,515	3,776	9,828	1,177	9,734	(16)
－	15,806	2,594	6,260	820	6,132	(17)
－	8,709	1,182	3,568	357	3,602	(18)
2	740	226	313	33	168	(19)
－	7,066	2,120	2,985	306	1,655	(20)
3	1,782	432	892	48	410	(21)
－	3,614	711	1,563	169	1,171	(22)
－	2,636	710	929	160	837	(23)
1	2,761	583	1,175	169	834	(24)
1	2,733	595	1,314	110	714	(25)
－	4,064	531	1,871	181	1,481	(26)
1	3,799	556	1,982	112	1,149	(27)
－	3,274	488	1,676	98	1,012	(28)
1	1,964	397	808	78	681	(29)
－	3,977	275	1,503	154	2,045	(30)
－	3,497	563	1,684	134	1,116	(31)
6	143	18	40	2	83	(32)
－	1,275	137	407	71	660	(33)
－	5,093	792	1,855	433	2,013	(34)
－	2,217	249	342	565	1,061	(35)
－	1,918	196	378	267	1,077	(36)
－	1,818	191	292	358	977	(37)
－	1,610	161	550	59	840	(38)
5	4,721	673	1,614	268	2,166	(39)
－	3,039	280	599	342	1,818	(40)
－	3,337	374	1,380	136	1,447	(41)
3	3,046	331	1,112	105	1,498	(42)
－	2,134	279	564	211	1,080	(43)
－	1,545	321	307	351	566	(44)
－	1,684	226	436	171	851	(45)
－	773	42	264	42	425	(46)
－	3,748	504	1,045	464	1,735	(47)
－	1,446	94	452	58	842	(48)
－	1,599	111	774	24	690	(49)
－	1,624	234	549	138	703	(50)
－	4,091	221	667	378	2,825	(51)
－	4,530	270	1,275	251	2,734	(52)
－	5,210	231	1,021	422	3,536	(53)
－	4,161	181	814	250	2,916	(54)
－	2,248	177	847	61	1,163	(55)
－	3,179	190	890	185	1,914	(56)
－	3,176	264	1,198	118	1,596	(57)
－	2,456	190	1,067	67	1,132	(58)
－	3,430	650	1,437	196	1,147	(59)
－	1,931	470	707	184	570	(60)
－	2,931	274	1,242	65	1,350	(61)
－	4,202	778	1,855	141	1,428	(62)
－	3,312	422	1,019	234	1,637	(63)
－	2,653	471	1,388	80	714	(64)
－	6,056	711	2,180	277	2,888	(65)
2	740	226	313	33	168	(66)
13	27,597	3,642	11,644	1,112	11,199	(67)
3	8,219	890	2,275	658	4,396	(68)
－	30,675	1,958	8,328	1,870	18,519	(69)

3 法制上の地域指定別構成員別類型農業集落数
(1) 農業振興地域別主業経営体・団体経営体の有無

全国農業地域 都道府県		計	農業振興地域あり				農業振興地域あり
			農用地区域あり				主業
			主業経営体あり		主業経営体なし		
			団体経営体あり	団体経営体なし	団体経営体あり	団体経営体なし	団体経営体あり
全　　　　　　　　国	(1)	138,243	18,312	45,213	7,725	42,983	421
（全国農業地域）							
北　海　　　　道	(2)	7,066	2,060	2,852	253	1,065	51
都　府　　　　県	(3)	131,177	16,252	42,361	7,472	41,918	370
東　　　　　　北	(4)	17,590	3,503	7,416	715	4,115	40
北　　　　　　陸	(5)	11,046	1,404	2,730	1,563	4,070	19
関　東　・　東山	(6)	24,260	3,137	9,309	793	6,554	83
北　　関　　東	(7)	9,037	1,406	4,217	241	2,048	32
南　　関　　東	(8)	8,892	921	3,107	269	2,350	34
東　　　　　山	(9)	6,331	810	1,985	283	2,156	17
東　　　　　　海	(10)	11,556	1,219	3,332	711	4,236	32
近　　　　　　畿	(11)	10,795	1,248	2,827	1,008	3,240	31
中　　　　　　国	(12)	19,616	1,116	3,928	1,289	9,068	13
山　　　　　陰	(13)	5,715	450	1,117	477	2,568	4
山　　　　　陽	(14)	13,901	666	2,811	812	6,500	9
四　　　　　　国	(15)	11,059	783	3,638	359	4,198	30
九　　　　　　州	(16)	24,515	3,622	8,900	1,007	6,334	119
北　　九　　州	(17)	15,806	2,516	5,735	723	4,086	60
南　　九　　州	(18)	8,709	1,106	3,165	284	2,248	59
沖　　　　　　縄	(19)	740	220	281	27	103	3
（都道府県）							
北　海　　　　道	(20)	7,066	2,060	2,852	253	1,065	51
青　　　　　　森	(21)	1,782	421	856	37	287	9
岩　　　　　　手	(22)	3,614	697	1,505	140	854	8
宮　　　　　　城	(23)	2,636	696	850	132	523	11
秋　　　　　　田	(24)	2,761	578	1,145	155	676	4
山　　　　　　形	(25)	2,733	585	1,242	99	572	5
福　　　　　　島	(26)	4,064	526	1,818	152	1,203	3
茨　　　　　　城	(27)	3,799	535	1,862	93	869	20
栃　　　　　　木	(28)	3,274	478	1,585	81	688	9
群　　　　　　馬	(29)	1,964	393	770	67	491	3
埼　　　　　　玉	(30)	3,977	257	1,311	121	1,322	6
千　　　　　　葉	(31)	3,497	540	1,471	104	743	16
東　　　　　　京	(32)	143	12	26	1	16	−
神　　奈　　　川	(33)	1,275	112	299	43	269	12
新　　　　　　潟	(34)	5,093	781	1,778	406	1,581	10
富　　　　　　山	(35)	2,217	246	332	556	876	2
石　　　　　　川	(36)	1,918	190	356	253	873	5
福　　　　　　井	(37)	1,818	187	264	348	740	2
山　　　　　　梨	(38)	1,610	156	529	53	636	5
長　　　　　　野	(39)	4,721	654	1,456	230	1,520	12
岐　　　　　　阜	(40)	3,039	270	539	320	1,354	5
静　　　　　　岡	(41)	3,337	350	1,255	101	982	18
愛　　　　　　知	(42)	3,046	325	1,004	89	1,077	5
三　　　　　　重	(43)	2,134	274	534	201	823	5
滋　　　　　　賀	(44)	1,545	319	281	344	438	1
京　　　　　　都	(45)	1,684	221	376	156	608	2
大　　　　　　阪	(46)	773	30	137	19	101	6
兵　　　　　　庫	(47)	3,748	484	961	434	1,239	14
奈　　　　　　良	(48)	1,446	88	382	37	452	5
和　　歌　　　山	(49)	1,599	106	690	18	402	3
鳥　　　　　　取	(50)	1,624	233	519	131	575	1
島　　　　　　根	(51)	4,091	217	598	346	1,993	3
岡　　　　　　山	(52)	4,530	262	1,177	216	2,049	5
広　　　　　　島	(53)	5,210	227	943	381	2,580	2
山　　　　　　口	(54)	4,161	177	691	215	1,871	5
徳　　　　　　島	(55)	2,248	172	799	59	985	4
香　　　　　　川	(56)	3,179	183	805	163	1,377	5
愛　　　　　　媛	(57)	3,176	250	1,047	83	1,007	11
高　　　　　　知	(58)	2,456	178	987	54	829	10
福　　　　　　岡	(59)	3,430	629	1,277	174	720	16
佐　　　　　　賀	(60)	1,931	455	671	174	433	14
長　　　　　　崎	(61)	2,931	262	1,119	45	707	7
熊　　　　　　本	(62)	4,202	758	1,697	114	926	17
大　　　　　　分	(63)	3,312	412	971	216	1,300	6
宮　　　　　　崎	(64)	2,653	447	1,276	64	490	19
鹿　　児　　　島	(65)	6,056	659	1,889	220	1,758	40
沖　　　　　　縄	(66)	740	220	281	27	103	3
関　東　農　政　局	(67)	27,597	3,487	10,564	894	7,536	101
東　海　農　政　局	(68)	8,219	869	2,077	610	3,254	14
中国四国農政局	(69)	30,675	1,899	7,566	1,648	13,266	43

単位：集落

| 農用地区域なし | | | 農業振興地域外 | | | | |
| 経営体あり | 主業経営体なし | | 主業経営体あり | | 主業経営体なし | | |
団体経営体なし	団体経営体あり	団体経営体なし	団体経営体あり	団体経営体なし	団体経営体あり	団体経営体なし	
2,872	681	11,516	167	1,177	320	6,856	(1)
108	42	381	9	25	11	209	(2)
2,764	639	11,135	158	1,152	309	6,647	(3)
196	72	717	19	132	50	615	(4)
105	47	783	5	32	13	275	(5)
637	120	1,996	48	318	63	1,202	(6)
221	34	582	3	28	13	212	(7)
287	57	792	38	240	35	762	(8)
129	29	622	7	50	15	228	(9)
233	55	1,006	13	90	28	601	(10)
251	50	839	19	200	52	1,030	(11)
310	123	2,528	8	88	27	1,118	(12)
85	32	776	1	14	7	184	(13)
225	91	1,752	7	74	20	934	(14)
319	56	1,183	8	45	16	424	(15)
702	115	2,066	35	226	55	1,334	(16)
387	59	1,154	18	138	38	892	(17)
315	56	912	17	88	17	442	(18)
11	1	17	3	21	5	48	(19)
108	42	381	9	25	11	209	(20)
20	5	79	2	16	6	44	(21)
32	14	159	6	26	15	158	(22)
47	12	113	3	32	16	201	(23)
15	9	69	1	15	5	89	(24)
33	6	79	5	39	5	63	(25)
49	26	218	2	4	3	60	(26)
117	16	241	1	3	3	39	(27)
76	12	214	1	15	5	110	(28)
28	6	127	1	10	5	63	(29)
73	19	325	12	119	14	398	(30)
154	25	301	7	59	5	72	(31)
2	–	1	6	12	1	66	(32)
58	13	165	13	50	15	226	(33)
63	19	364	1	14	8	68	(34)
5	8	110	1	5	1	75	(35)
19	12	158	1	3	2	46	(36)
18	8	151	2	10	2	86	(37)
18	5	178	–	3	1	26	(38)
111	24	444	7	47	14	202	(39)
27	10	207	5	33	12	257	(40)
100	29	340	6	25	6	125	(41)
86	13	297	1	22	3	124	(42)
20	3	162	1	10	7	95	(43)
15	4	60	1	11	3	68	(44)
28	8	125	3	32	7	118	(45)
72	14	162	6	55	9	162	(46)
42	11	205	6	42	19	291	(47)
41	10	133	1	29	11	257	(48)
53	3	154	2	31	3	134	(49)
28	5	108	–	2	2	20	(50)
57	27	668	1	12	5	164	(51)
92	35	621	3	6	–	64	(52)
44	33	489	2	34	8	467	(53)
89	23	642	2	34	12	403	(54)
46	2	165	1	2	–	13	(55)
60	13	302	2	25	9	235	(56)
140	30	447	3	11	9	142	(57)
73	11	269	2	7	2	34	(58)
125	12	237	5	35	10	190	(59)
32	8	96	1	4	2	41	(60)
74	11	254	5	49	9	389	(61)
129	19	329	3	29	8	173	(62)
27	9	238	4	21	9	99	(63)
93	11	125	5	19	5	99	(64)
222	45	787	12	69	12	343	(65)
11	1	17	3	21	5	48	(66)
737	149	2,336	54	343	69	1,327	(67)
133	26	666	7	65	22	476	(68)
629	179	3,711	16	133	43	1,542	(69)

3 法制上の地域指定別構成員別類型農業集落数（続き）
(2) 山村・過疎・特定農山村地域別主業経営体・団体経営体の有無

全国農業地域・都道府県		計	振興山村地域のみ				過疎地域のみ		
			主業経営体あり		主業経営体なし		主業経営体あり		主業
			団体経営体あり	団体経営体なし	団体経営体あり	団体経営体なし	団体経営体あり	団体経営体なし	団体経営体あり
全　国	(1)	138,243	170	300	33	467	3,597	8,044	1,119
（全国農業地域）									
北　海　道	(2)	7,066	77	37	4	13	789	1,252	85
都　府　県	(3)	131,177	93	263	29	454	2,808	6,792	1,034
東　北	(4)	17,590	57	103	12	70	1,016	2,023	183
北　陸	(5)	11,046	9	38	7	72	176	271	205
関東・東山	(6)	24,260	7	50	−	55	79	256	24
北　関　東	(7)	9,037	7	49	−	41	20	114	6
南　関　東	(8)	8,892	−	−	−	14	39	93	14
東　山	(9)	6,331	−	1	−	−	20	49	4
東　海	(10)	11,556	2	2	2	25	7	17	4
近　畿	(11)	10,795	6	6	−	4	95	206	39
中　国	(12)	19,616	6	30	6	183	180	622	192
山　陰	(13)	5,715	2	5	1	4	47	137	58
山　陽	(14)	13,901	4	25	5	179	133	485	134
四　国	(15)	11,059	1	12	1	29	84	396	53
九　州	(16)	24,515	5	22	1	16	1,076	2,932	325
北　九　州	(17)	15,806	4	13	−	6	524	1,351	166
南　九　州	(18)	8,709	1	9	1	10	552	1,581	159
沖　縄	(19)	740	−	−	−	−	95	69	9
（都道府県）									
北　海　道	(20)	7,066	77	37	4	13	789	1,252	85
青　森	(21)	1,782	3	12	−	15	119	269	3
岩　手	(22)	3,614	9	12	−	7	134	312	29
宮　城	(23)	2,636	6	13	3	11	138	231	36
秋　田	(24)	2,761	−	−	−	−	334	487	63
山　形	(25)	2,733	6	26	2	11	209	456	24
福　島	(26)	4,064	33	40	7	26	82	268	28
茨　城	(27)	3,799	−	3	−	1	8	49	4
栃　木	(28)	3,274	6	40	−	16	12	65	2
群　馬	(29)	1,964	1	6	−	24	−	−	−
埼　玉	(30)	3,977	−	−	−	14	−	−	−
千　葉	(31)	3,497	−	−	−	−	35	89	12
東　京	(32)	143	−	−	−	−	4	3	1
神　奈　川	(33)	1,275	−	−	−	−	−	1	1
新　潟	(34)	5,093	6	24	−	23	101	194	69
富　山	(35)	2,217	−	−	−	−	56	36	116
石　川	(36)	1,918	3	12	5	39	19	41	20
福　井	(37)	1,818	−	2	2	10	−	−	−
山　梨	(38)	1,610	−	−	−	−	−	−	−
長　野	(39)	4,721	−	1	−	−	20	49	4
岐　阜	(40)	3,039	−	−	−	−	6	12	4
静　岡	(41)	3,337	−	−	−	9	1	3	−
愛　知	(42)	3,046	−	−	−	−	−	−	−
三　重	(43)	2,134	2	2	2	16	−	2	−
滋　賀	(44)	1,545	−	−	−	−	−	−	−
京　都	(45)	1,684	−	−	−	−	29	27	12
大　阪	(46)	773	−	−	−	−	−	−	−
兵　庫	(47)	3,748	2	4	−	4	46	93	13
奈　良	(48)	1,446	4	2	−	−	20	86	14
和　歌　山	(49)	1,599	−	−	−	−	−	−	−
鳥　取	(50)	1,624	2	5	1	4	25	49	12
島　根	(51)	4,091	−	−	−	−	22	88	46
岡　山	(52)	4,530	−	−	−	−	50	173	24
広　島	(53)	5,210	3	24	5	142	59	187	90
山　口	(54)	4,161	1	1	−	37	24	125	20
徳　島	(55)	2,248	−	−	−	−	8	31	−
香　川	(56)	3,179	−	−	−	−	30	98	34
愛　媛	(57)	3,176	1	12	1	29	35	183	18
高　知	(58)	2,456	−	−	−	−	11	84	1
福　岡	(59)	3,430	2	6	−	3	122	225	53
佐　賀	(60)	1,931	−	−	−	−	59	141	15
長　崎	(61)	2,931	−	−	−	−	116	480	15
熊　本	(62)	4,202	2	7	−	3	104	238	21
大　分	(63)	3,312	−	−	−	−	123	267	62
宮　崎	(64)	2,653	−	−	−	−	71	120	5
鹿　児　島	(65)	6,056	1	9	1	10	481	1,461	154
沖　縄	(66)	740	−	−	−	−	95	69	9
関　東　農　政　局	(67)	27,597	7	50	−	64	80	259	24
東　海　農　政　局	(68)	8,219	2	2	2	16	6	14	4
中国四国農政局	(69)	30,675	7	42	7	212	264	1,018	245

単位：集落

経営体なし	特定農山村地域のみ				山村・過疎重複				
	主業経営体あり		主業経営体なし		主業経営体あり		主業経営体なし		
団体経営体なし	団体経営体あり	団体経営体なし	団体経営体あり	団体経営体なし	団体経営体あり	団体経営体なし	団体経営体あり	団体経営体なし	
6,754	1,241	3,711	722	5,447	198	303	55	190	(1)
422	9	14	4	11	108	115	18	52	(2)
6,332	1,232	3,697	718	5,436	90	188	37	138	(3)
921	111	410	37	319	46	108	12	60	(4)
370	79	194	158	722	3	7	3	7	(5)
249	278	880	107	1,168	14	15	1	10	(6)
85	58	172	17	144	14	15	1	10	(7)
90	46	189	30	412	–	–	–	–	(8)
74	174	519	60	612	–	–	–	–	(9)
64	107	297	85	493	–	7	–	10	(10)
264	163	553	144	660	6	2	–	–	(11)
1,335	55	264	64	770	16	34	19	36	(12)
429	32	115	27	188	5	7	1	4	(13)
906	23	149	37	582	11	27	18	32	(14)
502	91	418	52	632	3	14	–	14	(15)
2,607	344	675	71	669	2	1	2	1	(16)
1,166	306	530	59	430	2	1	2	1	(17)
1,441	38	145	12	239	–	–	–	–	(18)
20	4	6	–	3	–	–	–	–	(19)
422	9	14	4	11	108	115	18	52	(20)
35	–	9	–	–	4	16	2	8	(21)
153	32	72	14	128	14	30	4	16	(22)
178	2	4	2	36	3	15	2	24	(23)
245	1	4	1	3	20	38	4	7	(24)
140	37	99	6	53	–	–	–	–	(25)
170	39	222	14	99	5	9	–	5	(26)
48	30	65	5	43	–	–	–	–	(27)
37	21	80	9	77	–	–	–	–	(28)
–	7	27	3	24	14	15	1	10	(29)
–	5	25	5	81	–	–	–	–	(30)
85	36	136	20	220	–	–	–	–	(31)
5	–	1	–	3	–	–	–	–	(32)
–	5	27	5	108	–	–	–	–	(33)
202	44	79	43	217	–	–	–	–	(34)
106	10	24	35	123	3	7	3	7	(35)
62	3	4	21	77	–	–	–	–	(36)
–	22	87	59	305	–	–	–	–	(37)
8	40	157	21	256	–	–	–	–	(38)
66	134	362	39	356	–	–	–	–	(39)
35	26	54	40	206	–	–	–	–	(40)
16	41	170	16	156	–	7	–	10	(41)
–	8	30	8	56	–	–	–	–	(42)
13	32	43	21	75	–	–	–	–	(43)
–	12	25	31	57	–	–	–	–	(44)
51	27	51	30	157	6	2	–	–	(45)
–	3	17	1	18	–	–	–	–	(46)
110	73	190	75	327	–	–	–	–	(47)
101	–	16	1	40	–	–	–	–	(48)
2	48	254	6	61	–	–	–	–	(49)
25	27	87	18	75	5	7	1	4	(50)
404	5	28	9	113	–	–	–	–	(51)
226	9	32	9	93	2	6	3	4	(52)
396	10	93	20	415	9	21	15	28	(53)
284	4	24	8	74	–	–	–	–	(54)
14	22	118	9	148	2	11	–	7	(55)
236	23	88	24	193	–	–	–	–	(56)
225	28	131	15	229	1	3	–	7	(57)
27	18	81	4	62	–	–	–	–	(58)
226	54	66	4	41	–	–	–	–	(59)
78	85	157	28	145	–	–	–	–	(60)
438	36	97	3	100	–	–	–	–	(61)
124	128	190	17	107	–	–	–	–	(62)
300	3	20	7	37	2	1	2	1	(63)
32	18	72	1	28	–	–	–	–	(64)
1,409	20	73	11	211	–	–	–	–	(65)
20	4	6	–	3	–	–	–	–	(66)
265	319	1,050	123	1,324	14	22	1	20	(67)
48	66	127	69	337	–	–	–	–	(68)
1,837	146	682	116	1,402	19	48	19	50	(69)

3　法制上の地域指定別構成員別類型農業集落数（続き）
（2）　山村・過疎・特定農山村地域別主業経営体・団体経営体の有無（続き）

| 全国農業地域・都道府県 | 山村・特定農山村重複 | | | | 過疎・特定農山村重複 | | |
| | 主業経営体あり | | 主業経営体なし | | 主業経営体あり | | 主業 |
	団体経営体あり	団体経営体なし	団体経営体あり	団体経営体なし	団体経営体あり	団体経営体なし	団体経営体あり
全　　国　(1)	494	1,449	372	2,802	1,506	5,124	904
（全国農業地域）							
北　海　道　(2)	1	2	2	31	61	102	16
都　府　県　(3)	493	1,447	370	2,771	1,445	5,022	888
東　　北　(4)	114	324	35	314	237	644	91
北　　陸　(5)	46	105	86	425	152	401	158
関東・東山　(6)	93	302	32	557	83	277	51
北　関　東　(7)	43	120	9	182	18	106	16
南　関　東　(8)	2	10	5	139	20	59	4
東　　山　(9)	48	172	18	236	45	112	31
東　　海　(10)	82	218	80	602	15	71	27
近　　畿　(11)	66	164	77	317	115	370	58
中　　国　(12)	33	91	31	248	163	648	198
山　　陰　(13)	21	44	17	88	56	138	67
山　　陽　(14)	12	47	14	160	107	510	131
四　　国　(15)	13	98	11	172	140	711	66
九　　州　(16)	46	145	18	136	524	1,870	237
北　九　州　(17)	16	57	12	67	417	1,437	177
南　九　州　(18)	30	88	6	69	107	433	60
沖　　縄　(19)	-	-	-	-	16	30	2
（都道府県）							
北　海　道　(20)	1	2	2	31	61	102	16
青　　森　(21)	14	15	1	6	13	38	1
岩　　手　(22)	39	121	13	98	42	127	16
宮　　城　(23)	18	17	1	12	16	49	13
秋　　田　(24)	3	4	-	-	71	178	28
山　　形　(25)	11	73	8	93	44	80	6
福　　島　(26)	29	94	12	105	51	172	27
茨　　城　(27)	1	2	1	2	4	34	7
栃　　木　(28)	24	82	5	127	6	26	6
群　　馬　(29)	18	36	3	53	8	46	3
埼　　玉　(30)	-	5	1	77	6	4	2
千　　葉　(31)	-	-	-	-	13	53	2
東　　京　(32)	-	-	-	-	1	2	-
神　奈　川　(33)	2	5	4	62	-	-	-
新　　潟　(34)	32	64	17	104	113	311	98
富　　山　(35)	4	15	23	129	1	2	12
石　　川　(36)	2	7	14	49	16	47	23
福　　井　(37)	8	19	32	143	22	41	25
山　　梨　(38)	8	40	5	97	11	24	6
長　　野　(39)	40	132	13	139	34	88	25
岐　　阜　(40)	47	96	44	280	4	21	9
静　　岡　(41)	10	83	12	145	4	25	5
愛　　知　(42)	2	19	3	82	-	2	1
三　　重　(43)	23	20	21	95	7	23	12
滋　　賀　(44)	17	25	27	82	-	3	1
京　　都　(45)	13	28	16	73	41	50	13
大　　阪　(46)	-	-	-	-	-	5	-
兵　　庫　(47)	30	91	34	142	24	47	33
奈　　良　(48)	1	2	-	3	13	45	8
和　歌　山　(49)	5	18	-	17	37	220	3
鳥　　取　(50)	21	39	13	56	12	32	8
島　　根　(51)	-	5	4	32	44	106	59
岡　　山　(52)	2	17	1	38	54	282	61
広　　島　(53)	3	17	6	93	25	92	43
山　　口　(54)	7	13	7	29	28	136	27
徳　　島　(55)	3	16	1	14	14	92	16
香　　川　(56)	-	6	1	11	3	21	7
愛　　媛　(57)	4	12	1	48	95	391	35
高　　知　(58)	6	64	8	99	28	207	8
福　　岡　(59)	4	30	8	48	34	166	14
佐　　賀　(60)	-	8	1	11	23	76	3
長　　崎　(61)	-	-	-	-	69	384	28
熊　　本　(62)	12	19	3	8	136	473	54
大　　分　(63)	-	-	-	-	155	338	78
宮　　崎　(64)	26	71	3	41	39	174	7
鹿　児　島　(65)	4	17	3	28	68	259	53
沖　　縄　(66)	-	-	-	-	16	30	2
関東農政局　(67)	103	385	44	702	87	302	56
東海農政局　(68)	72	135	68	457	11	46	22
中国四国農政局　(69)	46	189	42	420	303	1,359	264

単位:集落

経営体なし	山村・過疎・特定農山村重複				いずれの指定もなし				
	主業経営体あり		主業経営体なし		主業経営体あり		主業経営体なし		
団体経営体なし	団体経営体あり	団体経営体なし	団体経営体あり	団体経営体なし	団体経営体あり	団体経営体なし	団体経営体あり	団体経営体なし	
8,756	2,116	6,174	1,519	12,342	9,578	24,157	4,002	24,597	(1)
189	513	748	122	624	562	715	55	313	(2)
8,567	1,603	5,426	1,397	11,718	9,016	23,442	3,947	24,284	(3)
668	518	1,482	194	1,533	1,463	2,650	273	1,562	(4)
869	86	181	130	751	877	1,670	876	1,912	(5)
748	98	415	111	1,291	2,616	8,069	650	5,674	(6)
222	37	151	22	260	1,244	3,739	217	1,898	(7)
112	1	21	8	162	885	3,262	300	2,975	(8)
414	60	243	81	869	487	1,068	133	801	(9)
338	92	253	121	1,058	959	2,790	475	3,253	(10)
489	99	344	149	1,059	748	1,633	643	2,316	(11)
2,206	332	1,118	518	3,174	352	1,519	411	4,762	(12)
666	136	353	211	1,265	156	417	134	884	(13)
1,540	196	765	307	1,909	196	1,102	277	3,878	(14)
986	107	667	67	1,563	382	1,686	181	1,907	(15)
2,241	271	966	107	1,289	1,508	3,217	416	2,775	(16)
1,787	197	607	76	963	1,128	2,264	328	1,712	(17)
454	74	359	31	326	380	953	88	1,063	(18)
22	–	–	–	–	111	208	22	123	(19)
189	513	748	122	624	562	715	55	313	(20)
23	54	152	16	158	225	381	25	165	(21)
172	167	507	41	374	274	382	52	223	(22)
138	37	63	13	84	490	537	90	354	(23)
141	123	374	55	379	31	90	18	59	(24)
55	74	176	33	211	214	404	31	151	(25)
139	63	210	36	327	229	856	57	610	(26)
78	8	37	–	41	505	1,792	95	936	(27)
52	5	34	6	55	414	1,349	70	648	(28)
92	24	80	16	164	325	598	52	314	(29)
57	–	7	6	88	264	1,462	140	1,728	(30)
51	1	14	1	16	478	1,392	99	744	(31)
4	–	–	1	58	13	34	–	13	(32)
–	–	–	–	–	130	374	61	490	(33)
585	51	95	36	243	445	1,088	170	639	(34)
43	7	3	21	82	168	255	355	571	(35)
161	19	65	53	305	134	202	131	384	(36)
80	9	18	20	121	130	125	220	318	(37)
119	11	58	11	251	91	271	16	109	(38)
295	49	185	70	618	396	797	117	692	(39)
119	61	106	78	418	136	310	167	760	(40)
71	8	54	7	165	310	1,038	96	875	(41)
40	12	61	20	252	309	1,000	73	1,068	(42)
108	11	32	16	223	204	442	139	550	(43)
1	4	2	6	22	288	252	286	404	(44)
110	43	91	55	198	67	187	45	262	(45)
6	–	–	–	–	39	242	41	401	(46)
181	35	97	67	262	294	523	242	709	(47)
78	9	41	10	239	47	260	25	381	(48)
113	8	113	11	338	13	169	4	159	(49)
48	39	109	36	240	103	221	49	251	(50)
618	97	244	175	1,025	53	196	85	633	(51)
729	48	231	56	546	105	534	97	1,098	(52)
400	97	380	172	873	25	207	71	1,189	(53)
411	51	154	79	490	66	361	109	1,591	(54)
260	10	111	17	473	118	468	18	247	(55)
95	13	36	4	124	121	641	115	1,255	(56)
397	24	216	19	413	76	250	29	248	(57)
234	60	304	27	553	67	327	19	157	(58)
76	38	63	10	60	396	881	107	693	(59)
22	15	42	4	30	288	283	133	284	(60)
538	–	–	–	–	53	281	19	274	(61)
599	54	204	10	296	342	724	36	291	(62)
552	90	298	52	577	49	95	33	170	(63)
65	57	303	22	257	260	648	42	291	(64)
389	17	56	9	69	120	305	46	772	(65)
22	–	–	–	–	111	208	22	123	(66)
819	106	469	118	1,456	2,926	9,107	746	6,549	(67)
267	84	199	114	893	649	1,752	379	2,378	(68)
3,192	439	1,785	585	4,737	734	3,205	592	6,669	(69)

4 農業集落主位作目別類型農業集落数

全国農業地域・都道府県			計	稲作	麦類作	雑穀・いも類・豆類	工芸農作物 農業経営体
全	国	(1)	138,243	77,616	480	2,723	2,545
（ 全 国 農 業 地 域 ）							
北 海 道		(2)	7,066	1,852	345	897	94
都 府 県		(3)	131,177	75,764	135	1,826	2,451
東 北		(4)	17,590	12,360	2	134	141
北 陸		(5)	11,046	8,858	2	24	14
関 東 ・ 東 山		(6)	24,260	13,034	56	457	248
北 関 東		(7)	9,037	6,051	25	141	113
南 関 東		(8)	8,892	4,544	26	193	99
東 山		(9)	6,331	2,439	5	123	36
東 海		(10)	11,556	5,846	3	86	776
近 畿		(11)	10,795	7,294	4	54	104
中 国		(12)	19,616	12,408	6	95	38
山 陰		(13)	5,715	3,726	－	30	15
山 陽		(14)	13,901	8,682	6	65	23
四 国		(15)	11,059	5,048	15	81	135
九 州		(16)	24,515	10,913	47	884	663
北 九 州		(17)	15,806	8,198	44	258	223
南 九 州		(18)	8,709	2,715	3	626	440
沖 縄		(19)	740	3	－	11	332
（ 都 道 府 県 ）							
北 海 道		(20)	7,066	1,852	345	897	94
青 森		(21)	1,782	798	1	27	52
岩 手		(22)	3,614	2,310	－	32	67
宮 城		(23)	2,636	2,063	－	6	3
秋 田		(24)	2,761	2,380	－	19	8
山 形		(25)	2,733	1,842	1	21	9
福 島		(26)	4,064	2,967	－	29	2
茨 城		(27)	3,799	2,704	2	93	8
栃 木		(28)	3,274	2,653	14	15	13
群 馬		(29)	1,964	694	9	33	92
埼 玉		(30)	3,977	2,069	25	53	60
千 葉		(31)	3,497	2,253	－	113	2
東 京		(32)	143	－	－	3	3
神 奈 川		(33)	1,275	222	1	24	34
新 潟		(34)	5,093	4,270	1	8	6
富 山		(35)	2,217	1,796	－	3	－
石 川		(36)	1,918	1,387	－	10	5
福 井		(37)	1,818	1,405	1	3	3
山 梨		(38)	1,610	374	1	35	22
長 野		(39)	4,721	2,065	4	88	14
岐 阜		(40)	3,039	1,922	－	13	57
静 岡		(41)	3,337	915	－	63	647
愛 知		(42)	3,046	1,476	－	9	23
三 重		(43)	2,134	1,533	3	1	49
滋 賀		(44)	1,545	1,371	－	－	5
京 都		(45)	1,684	1,206	－	8	47
大 阪		(46)	773	446	－	3	－
兵 庫		(47)	3,748	2,907	2	35	2
奈 良		(48)	1,446	919	1	5	12
和 歌 山		(49)	1,599	445	1	3	38
鳥 取		(50)	1,624	1,184	－	10	2
島 根		(51)	4,091	2,542	－	20	13
岡 山		(52)	4,530	3,124	5	25	7
広 島		(53)	5,210	3,065	－	24	7
山 口		(54)	4,161	2,493	1	16	9
徳 島		(55)	2,248	921	3	42	32
香 川		(56)	3,179	2,113	9	2	18
愛 媛		(57)	3,176	1,204	3	22	19
高 知		(58)	2,456	810	－	15	66
福 岡		(59)	3,430	2,204	14	15	54
佐 賀		(60)	1,931	1,005	10	5	27
長 崎		(61)	2,931	856	6	158	47
熊 本		(62)	4,202	2,013	8	60	80
大 分		(63)	3,312	2,120	6	20	15
宮 崎		(64)	2,653	972	－	79	34
鹿 児 島		(65)	6,056	1,743	3	547	406
沖 縄		(66)	740	3	－	11	332
関 東 農 政 局		(67)	27,597	13,949	56	520	895
東 海 農 政 局		(68)	8,219	4,931	3	23	129
中 国 四 国 農 政 局		(69)	30,675	17,456	21	176	173

単位：集落

	が最も多い農産物販売金額1位部門の作目						
露地野菜	施設野菜	果樹類	花き・花木	その他の作物	畜産（養蚕を含む）	販売なし	
9,382	4,551	10,626	1,594	818	4,857	23,051	(1)
641	286	82	38	83	1,475	1,273	(2)
8,741	4,265	10,544	1,556	735	3,382	21,778	(3)
699	263	1,319	115	69	566	1,922	(4)
127	49	215	30	14	40	1,673	(5)
3,061	781	2,362	357	195	266	3,443	(6)
858	457	324	57	80	127	804	(7)
1,664	264	477	210	57	77	1,281	(8)
539	60	1,561	90	58	62	1,358	(9)
935	529	842	289	75	129	2,046	(10)
539	151	865	134	26	81	1,543	(11)
655	223	1,282	149	70	197	4,493	(12)
195	75	286	39	49	82	1,218	(13)
460	148	996	110	21	115	3,275	(14)
1,026	591	1,637	140	69	84	2,233	(15)
1,638	1,629	1,937	306	215	1,949	4,334	(16)
1,029	1,126	1,526	207	136	500	2,559	(17)
609	503	411	99	79	1,449	1,775	(18)
61	49	85	36	2	70	91	(19)
641	286	82	38	83	1,475	1,273	(20)
235	13	347	4	4	68	233	(21)
149	94	156	46	32	290	438	(22)
66	53	23	7	5	96	314	(23)
27	10	56	9	4	31	217	(24)
94	33	460	10	12	18	240	(25)
128	60	277	39	12	63	480	(26)
324	178	160	21	38	35	236	(27)
77	112	51	5	10	48	276	(28)
457	167	113	31	32	44	292	(29)
633	123	175	93	33	28	685	(30)
509	117	96	78	8	32	289	(31)
48	1	6	15	4	1	62	(32)
474	23	200	24	12	16	245	(33)
48	23	89	10	2	11	625	(34)
14	1	37	4	5	10	347	(35)
50	10	42	6	4	15	389	(36)
15	15	47	10	3	4	312	(37)
105	11	510	8	6	16	522	(38)
434	49	1,051	82	52	46	836	(39)
136	70	148	25	12	48	608	(40)
341	240	395	106	35	26	569	(41)
418	193	209	140	22	33	523	(42)
40	26	90	18	6	22	346	(43)
9	11	5	1	2	6	135	(44)
117	24	21	7	3	7	244	(45)
75	28	74	20	2	4	121	(46)
240	25	48	32	8	45	404	(47)
47	33	65	28	9	10	317	(48)
51	30	652	46	2	9	322	(49)
116	24	108	8	26	12	134	(50)
79	51	178	31	23	70	1,084	(51)
140	37	339	34	6	31	782	(52)
176	68	347	49	9	50	1,415	(53)
144	43	310	27	6	34	1,078	(54)
309	34	319	37	19	28	504	(55)
235	54	181	43	4	10	510	(56)
261	60	895	23	37	25	627	(57)
221	443	242	37	9	21	592	(58)
181	262	298	87	5	12	298	(59)
184	199	195	13	2	45	246	(60)
269	205	294	31	15	195	855	(61)
256	367	518	54	44	175	627	(62)
139	93	221	22	70	73	533	(63)
178	322	153	32	53	549	281	(64)
431	181	258	67	26	900	1,494	(65)
61	49	85	36	2	70	91	(66)
3,402	1,021	2,757	463	230	292	4,012	(67)
594	289	447	183	40	103	1,477	(68)
1,681	814	2,919	289	139	281	6,726	(69)

第Ⅱ部　法制上の地域指定別

1　農林業経営体

法制上の地域指定			農林業経営体				計
			計	個人経営	団体経営	法人経営	
全　　　　　　　　　　　　　　国		(1)	1,069,304	1,026,158	43,146	33,567	1,053,443
農業振興地域・都市計画区域別類型	農業振興地域 農用地区域	市 街 化 区 域 の み (2)	135	127	8	8	133
		市 街 化 調 整 区 域 の み (3)	110,103	106,571	3,532	2,951	109,646
		市 街 化 ・ 調 整 区 域 (4)	203,258	196,754	6,504	5,169	202,620
		他 の 都 市 計 画 区 域 (5)	338,118	324,282	13,836	10,791	335,344
		都 市 計 画 区 域 外 (6)	355,428	339,121	16,307	12,304	346,330
	農用地区域外	市 街 化 区 域 の み (7)	88	84	4	4	87
		市 街 化 調 整 区 域 の み (8)	14,502	14,076	426	384	14,321
		市 街 化 ・ 調 整 区 域 (9)	6,541	6,368	173	140	6,477
		他 の 都 市 計 画 区 域 (10)	14,257	13,392	865	696	13,382
		都 市 計 画 区 域 外 (11)	6,940	6,451	489	365	6,125
	農業振興地域外	市 街 化 区 域 の み (12)	528	517	11	10	524
		市 街 化 調 整 区 域 の み (13)	9,661	9,407	254	225	9,505
		市 街 化 ・ 調 整 区 域 (14)	1,181	1,153	28	22	1,135
		他 の 都 市 計 画 区 域 (15)	7,729	7,120	609	431	7,229
		都 市 計 画 区 域 外 (16)	835	735	100	67	585
山村・過疎・特定別類型	農山村地域	振 興 山 村 地 域 (17)	6,752	6,364	388	348	6,656
		過 疎 地 域 (18)	158,275	150,832	7,443	5,968	156,583
		特 定 農 山 村 地 域 (19)	86,998	83,886	3,112	2,333	85,998
		山 村 ・ 過 疎 重 複 (20)	6,123	5,676	447	392	5,885
		山 村 ・ 特 定 農 山 村 重 複 (21)	36,515	34,979	1,536	1,035	35,384
		過 疎 ・ 特 定 農 山 村 重 複 (22)	95,858	92,138	3,720	2,844	94,091
		山村・過疎・特定農山村重複 (23)	119,038	112,194	6,844	4,963	111,502
		指 定 な し (24)	559,745	540,089	19,656	15,684	557,344

単位：経営体

| 農業経営体 | | | 林業経営体 | | | | |
個人経営	団体経営	法人経営	計	個人経営	団体経営	法人経営	
1,015,839	37,604	30,010	33,229	27,355	5,874	3,862	(1)
126	7	7	2	1	1	1	(2)
106,341	3,305	2,788	853	617	236	169	(3)
196,436	6,184	4,947	1,729	1,395	334	236	(4)
322,869	12,475	9,826	5,860	4,435	1,425	1,026	(5)
332,589	13,741	10,772	20,879	18,101	2,778	1,733	(6)
83	4	4	1	1	-	-	(7)
13,973	348	326	262	183	79	59	(8)
6,332	145	121	150	120	30	19	(9)
12,831	551	490	1,100	780	320	209	(10)
5,856	269	219	1,203	971	232	154	(11)
516	8	8	7	3	4	3	(12)
9,318	187	172	234	165	69	54	(13)
1,113	22	20	70	64	6	2	(14)
6,897	332	289	569	284	285	150	(15)
559	26	21	310	235	75	47	(16)
6,299	357	323	283	249	34	28	(17)
149,727	6,856	5,580	3,575	2,912	663	458	(18)
83,434	2,564	1,984	2,051	1,491	560	360	(19)
5,490	395	356	415	351	64	48	(20)
34,262	1,122	797	2,472	2,046	426	247	(21)
91,092	2,999	2,357	3,799	3,050	749	508	(22)
106,641	4,861	3,748	15,354	13,230	2,124	1,353	(23)
538,894	18,450	14,865	5,280	4,026	1,254	860	(24)

2　農業経営体
(1)　耕地種類別経営耕地面積

法制上の地域指定			経営耕地総面積	田		畑
				田のある経営体数	面積	畑のある経営体数
			ha	経営体	ha	経営体
全　　　　　　　　国		(1)	3,201,009	827,555	1,768,563	546,000
		市 街 化 区 域 の み	(2)	171	119	131	59
	農用地区域	市 街 化 調 整 区 域 の み	(3)	229,819	85,040	163,647	60,711
		市 街 化 ・ 調 整 区 域	(4)	511,609	163,164	363,697	103,910
		他 の 都 市 計 画 区 域	(5)	915,582	265,439	627,930	161,629
		都 市 計 画 区 域 外	(6)	1,455,162	269,842	562,339	187,229
	農用地区域外	市 街 化 区 域 の み	(7)	99	57	50	57
		市 街 化 調 整 区 域 の み	(8)	19,232	10,539	11,650	8,117
		市 街 化 ・ 調 整 区 域	(9)	8,212	5,173	5,747	3,267
		他 の 都 市 計 画 区 域	(10)	24,349	10,692	14,087	6,408
		都 市 計 画 区 域 外	(11)	12,091	4,640	6,205	3,335
	農業振興地域外	市 街 化 区 域 の み	(12)	398	131	108	375
		市 街 化 調 整 区 域 の み	(13)	7,913	6,191	4,323	6,274
		市 街 化 ・ 調 整 区 域	(14)	1,070	883	746	653
		他 の 都 市 計 画 区 域	(15)	14,707	5,317	7,625	3,601
		都 市 計 画 区 域 外	(16)	594	328	277	375
		振 興 山 村 地 域	(17)	80,428	5,202	12,336	3,840
		過 疎 地 域	(18)	734,784	118,309	361,832	88,764
		特 定 農 山 村 地 域	(19)	142,001	66,622	94,629	39,443
		山 村 ・ 過 疎 重 複	(20)	108,473	3,705	11,954	3,821
		山 村 ・ 特 定 農 山 村 重 複	(21)	64,472	29,164	42,486	18,245
		過 疎 ・ 特 定 農 山 村 重 複	(22)	171,483	70,222	107,513	44,583
		山村・過疎・特定農山村重複	(23)	446,680	92,492	168,241	62,055
		指 　 定 　 な 　 し	(24)	1,452,689	441,839	969,572	285,249

左側見出し: 農業振興地域・都市計画区域別類型 ／ 山村・過疎・特定農山村地域別類型

（樹園地を除く）	樹園地		経営耕地以外の土地		
			山林、原野等で過去1年間に利用した土地		
面積	樹園地のある経営体数	面積	経営体数	面積	
ha	経営体	ha	経営体	ha	
1,275,380	195,960	157,065	18,774	52,479	(1)
36	7	4	3	2	(2)
53,421	20,223	12,751	1,611	2,287	(3)
117,793	36,850	30,119	2,912	4,425	(4)
233,354	65,259	54,298	5,282	10,723	(5)
838,828	62,798	53,995	7,963	32,831	(6)
41	18	8	3	0	(7)
6,239	2,650	1,343	224	204	(8)
1,927	1,193	539	72	131	(9)
8,837	2,243	1,425	232	938	(10)
5,122	1,267	765	138	311	(11)
196	208	93	11	6	(12)
3,044	1,558	546	177	157	(13)
254	157	70	27	38	(14)
6,144	1,359	938	107	393	(15)
146	170	172	12	32	(16)
67,310	941	781	210	906	(17)
352,263	20,863	20,690	3,049	9,871	(18)
26,106	26,873	21,267	1,411	2,992	(19)
96,002	519	516	208	2,136	(20)
16,387	6,887	5,599	711	2,292	(21)
37,543	27,675	26,427	1,896	4,641	(22)
268,297	16,874	10,142	2,929	17,067	(23)
411,473	95,328	71,644	8,360	12,574	(24)

2 農業経営体（続き）
(2) 経営耕地面積規模別経営体数

	法制上の地域指定		計	経営耕地なし	0.3ha未満	0.3～0.5ha	0.5～1.0	1.0～1.5	1.5～2.0
全		国 (1)	1,053,443	16,641	33,521	186,261	311,938	155,983	87,484
農業振興地域・都市計画区域別類型	農業振興地域 農用地区域	市街化区域のみ (2)	133	4	3	31	49	14	10
		市街化調整区域のみ (3)	109,646	1,688	4,115	22,174	35,647	16,957	8,692
		市街化・調整区域 (4)	202,620	3,216	5,767	31,260	59,228	33,087	18,987
		他の都市計画区域 (5)	335,344	4,813	10,483	53,450	96,314	51,198	29,979
		都市計画区域外 (6)	346,330	5,816	9,945	61,282	100,075	47,953	26,847
	農用地区域外	市街化区域のみ (7)	87	2	6	24	29	14	1
		市街化調整区域のみ (8)	14,321	184	746	4,358	5,077	1,698	740
		市街化・調整区域 (9)	6,477	85	259	1,843	2,396	800	372
		他の都市計画区域 (10)	13,382	284	484	3,888	4,551	1,575	684
		都市計画区域外 (11)	6,125	183	384	1,725	1,943	690	321
	農業振興地域外	市街化区域のみ (12)	524	7	78	162	173	62	20
		市街化調整区域のみ (13)	9,505	130	682	3,448	3,549	903	367
		市街化・調整区域 (14)	1,135	24	54	356	447	149	48
		他の都市計画区域 (15)	7,229	186	420	2,081	2,288	835	397
		都市計画区域外 (16)	585	19	95	179	172	48	19
山村・過疎地域別類型		振興山村地域 (17)	6,656	103	123	945	1,536	921	587
		過疎地域 (18)	156,583	2,487	3,758	19,522	37,737	22,272	13,949
		特定農山村地域 (19)	85,998	1,216	3,511	18,627	29,639	12,561	6,285
		山村・過疎重複 (20)	5,885	107	107	563	1,144	641	341
		山村・特定農山村重複 (21)	35,384	463	885	8,027	11,610	4,892	2,488
		過疎・特定農山村重複 (22)	94,091	1,403	4,161	19,149	30,087	13,654	7,345
		山村・過疎・特定農山村重複 (23)	111,502	2,107	2,940	24,160	35,129	14,834	7,411
		指定なし (24)	557,344	8,755	18,036	95,268	165,056	86,208	49,078

単位：経営体

経営耕地面積規模別経営体数									
2.0〜3.0	3.0〜5.0	5.0〜10.0	10.0〜20.0	20.0〜30.0	30.0〜50.0	50.0〜100.0	100.0〜150.0	150ha以上	
90,702	68,050	48,071	25,583	10,787	10,045	6,465	1,155	757	(1)
9	9	3	1	-	-	-	-	-	(2)
7,884	5,303	3,750	1,835	629	561	328	51	32	(3)
19,523	13,968	9,219	4,335	1,742	1,487	657	88	56	(4)
32,296	24,211	17,035	8,433	3,153	2,404	1,216	212	147	(5)
28,389	22,809	16,858	10,384	5,048	5,449	4,182	789	504	(6)
3	5	2	1	-	-	-	-	-	(7)
669	391	263	115	33	31	11	3	2	(8)
309	193	121	67	19	10	3	-	-	(9)
668	506	390	201	78	40	20	5	8	(10)
310	241	148	92	35	29	17	4	3	(11)
14	5	1	1	1	-	-	-	-	(12)
214	105	69	19	8	5	5	-	1	(13)
29	13	8	3	-	4	-	-	-	(14)
371	270	190	93	41	25	25	3	4	(15)
14	21	14	3	-	-	1	-	-	(16)
624	480	359	158	62	112	450	124	72	(17)
16,168	13,834	11,332	7,087	3,452	2,820	1,700	301	164	(18)
6,100	4,151	2,219	985	341	219	111	20	13	(19)
394	429	555	318	168	374	547	111	86	(20)
2,584	2,129	1,400	611	156	93	33	8	5	(21)
7,477	5,305	3,223	1,376	449	286	144	19	13	(22)
7,161	5,613	4,555	3,128	1,390	1,354	1,238	265	217	(23)
50,194	36,109	24,428	11,920	4,769	4,787	2,242	307	187	(24)

2　農業経営体（続き）
(3)　販売目的の作物の類別作付（栽培）経営体数と作付（栽培）面積

法制上の地域指定		計 作付（栽培）実経営体数	計 作付（栽培）面積	稲（飼料用を除く） 作付経営体数	稲（飼料用を除く） 作付面積	麦類 作付経営体数	麦類 作付面積	雑 作付経営体数
		経営体	ha	経営体	ha	経営体	ha	経営体
全　　　　　　　　　　　　国	(1)	947,718	2,533,998	704,120	1,276,452	39,992	266,399	24,259
市 街 化 区 域 の み	(2)	122	217	108	108	–	–	–
市 街 化 調 整 区 域 の み	(3)	98,797	218,255	72,788	120,636	4,742	25,554	962
市 街 化 ・ 調 整 区 域	(4)	185,690	497,295	141,406	271,519	10,200	59,732	2,482
他 の 都 市 計 画 区 域	(5)	308,635	811,546	231,813	455,923	11,536	74,823	8,029
都 市 計 画 区 域 外	(6)	304,414	932,299	223,327	391,660	12,526	100,728	12,037
市 街 化 区 域 の み	(7)	77	67	50	32	2	2	–
市 街 化 調 整 区 域 の み	(8)	12,203	15,450	8,317	8,363	233	890	104
市 街 化 ・ 調 整 区 域	(9)	5,508	7,552	4,126	4,443	137	745	26
他 の 都 市 計 画 区 域	(10)	11,569	19,553	8,727	10,139	272	1,261	226
都 市 計 画 区 域 外	(11)	4,971	12,241	3,459	4,049	97	1,746	181
市 街 化 区 域 の み	(12)	423	445	102	96	3	1	1
市 街 化 調 整 区 域 の み	(13)	7,751	7,413	4,649	3,120	99	118	61
市 街 化 ・ 調 整 区 域	(14)	903	805	650	516	7	48	8
他 の 都 市 計 画 区 域	(15)	6,245	10,397	4,381	5,644	136	748	129
都 市 計 画 区 域 外	(16)	410	462	217	205	2	3	13
振 興 山 村 地 域	(17)	5,213	16,113	4,369	8,870	110	664	226
過 疎 地 域	(18)	142,102	566,852	101,188	254,868	8,740	67,229	5,909
特 定 農 山 村 地 域	(19)	77,931	126,208	55,239	68,439	1,665	7,206	1,691
山 村 ・ 過 疎 重 複	(20)	4,667	33,010	3,273	8,941	357	4,023	327
山 村 ・ 特 定 農 山 村 重 複	(21)	30,747	52,944	23,622	31,124	450	1,342	941
過 疎 ・ 特 定 農 山 村 重 複	(22)	84,084	141,220	57,887	76,197	1,224	5,803	2,459
山 村 ・ 過 疎 ・ 特 定 農 山 村 重 複	(23)	94,867	242,918	75,211	116,169	2,031	15,895	6,017
指 定 な し	(24)	508,107	1,354,734	383,331	711,844	25,415	164,237	6,689

穀	いも類		豆類		工芸農作物		野菜類		
作付 面積	作付 経営体数	作付 面積	作付 経営体数	作付 面積	作付 経営体数	作付 面積	作付 経営体数	作付 面積	
ha	経営体	ha	経営体	ha	経営体	ha	経営体	ha	
61,030	51,888	79,320	66,046	164,152	50,585	119,756	272,658	258,607	(1)
–	7	2	5	5	4	9	30	85	(2)
2,625	6,346	2,890	6,112	12,701	2,706	3,364	33,813	26,305	(3)
5,923	7,664	6,177	12,088	31,108	5,506	10,118	56,824	55,918	(4)
18,212	14,959	18,367	21,568	47,724	15,574	29,691	81,589	73,010	(5)
32,715	19,087	49,887	23,458	69,724	24,941	73,029	83,108	90,848	(6)
–	13	1	5	0	2	4	40	17	(7)
166	1,020	270	698	452	327	261	4,744	2,858	(8)
70	249	55	278	231	134	91	1,700	1,004	(9)
677	713	606	603	705	457	1,191	3,235	2,534	(10)
473	267	800	297	870	347	1,268	1,399	1,509	(11)
0	96	9	32	2	32	16	235	253	(12)
56	1,012	109	526	97	181	110	3,733	2,840	(13)
1	58	3	42	6	25	6	301	112	(14)
105	371	140	324	526	286	483	1,796	1,268	(15)
9	26	4	10	1	63	115	111	46	(16)
877	277	162	230	513	157	553	1,006	824	(17)
15,308	11,934	28,388	14,324	49,789	16,467	49,607	40,419	51,843	(18)
2,950	3,129	915	4,799	4,264	2,817	3,056	19,253	12,478	(19)
1,358	351	2,465	442	1,649	392	3,690	1,509	4,364	(20)
1,328	1,151	238	2,063	1,344	1,370	1,304	7,368	8,736	(21)
3,581	3,815	2,853	4,053	4,429	3,578	4,390	20,337	11,857	(22)
18,509	4,244	6,764	6,243	13,206	6,772	12,215	23,731	17,909	(23)
17,119	26,987	37,537	33,892	88,959	19,032	44,943	159,035	150,596	(24)

2 農業経営体（続き）
(3) 販売目的の作物の類別作付（栽培）経営体数と作付（栽培）面積（続き）

法制上の地域指定		花き類・花木		果樹類		その他 （稲）（飼料用）
		作付 （栽培） 経営体数	作付 （栽培） 面積	作付 （栽培） 経営体数	作付 （栽培） 面積	作付 （栽培） 経営体数
		経営体	ha	経営体	ha	経営体
全　　　　　　国	(1)	41,008	22,525	168,873	125,396	62,123
市 街 化 区 域 の み	(2)	5	3	3	1	3
市 街 化 調 整 区 域 の み	(3)	4,942	2,367	17,631	10,787	5,628
市 街 化 ・ 調 整 区 域	(4)	9,069	6,424	32,926	25,715	12,355
他 の 都 市 計 画 区 域	(5)	11,351	6,101	57,924	42,029	20,023
都 市 計 画 区 域 外	(6)	12,971	6,369	51,573	42,264	21,833
市 街 化 区 域 の み	(7)	4	1	21	10	1
市 街 化 調 整 区 域 の み	(8)	650	393	2,167	1,073	525
市 街 化 ・ 調 整 区 域	(9)	232	79	981	464	245
他 の 都 市 計 画 区 域	(10)	462	174	1,839	1,060	584
都 市 計 画 区 域 外	(11)	275	163	1,000	658	264
市 街 化 区 域 の み	(12)	29	9	172	54	15
市 街 化 調 整 区 域 の み	(13)	601	273	1,216	450	310
市 街 化 ・ 調 整 区 域	(14)	93	48	114	49	32
他 の 都 市 計 画 区 域	(15)	291	99	1,224	736	294
都 市 計 画 区 域 外	(16)	33	25	82	45	11
振 興 山 村 地 域	(17)	144	32	742	426	495
過 疎 地 域	(18)	5,477	2,932	18,338	13,826	11,556
特 定 農 山 村 地 域	(19)	3,653	1,667	23,656	18,641	4,029
山 村 ・ 過 疎 重 複	(20)	188	211	430	307	384
山 村 ・ 特 定 農 山 村 重 複	(21)	1,345	558	5,393	4,424	1,672
過 疎 ・ 特 定 農 山 村 重 複	(22)	3,172	1,175	24,425	23,329	4,723
山村・過疎・特定農山村重複	(23)	4,225	1,882	12,087	7,466	6,727
指 定 な し	(24)	22,804	14,068	83,802	56,975	32,537

（4） 販売目的の家畜を飼養している経営体数と飼養頭羽数

の作物 を含む） 作付 （栽培） 面積	乳用牛		肉用牛		豚		
	飼養 経営体数	飼養頭数	飼養 経営体数	飼養頭数	飼養 経営体数	飼養頭数	
ha	経営体	頭	経営体	頭	経営体	頭	
160,354	13,730	1,318,614	39,950	2,245,201	2,692	7,482,534	(1)
4	3	50	4	49	–	–	(2)
11,025	678	52,597	1,080	113,581	213	380,807	(3)
24,660	1,606	113,472	2,679	189,661	487	987,332	(4)
45,665	3,293	243,319	11,874	671,917	891	2,318,022	(5)
75,074	7,869	889,705	23,173	1,180,324	981	3,333,500	(6)
0	1	15	6	444	–	–	(7)
725	71	4,300	106	18,043	16	19,501	(8)
372	42	3,089	73	4,111	13	34,159	(9)
1,204	58	3,658	364	25,709	39	256,100	(10)
706	39	3,982	347	22,080	15	17,322	(11)
5	3	69	3	983	2	248	(12)
241	27	1,046	33	3,752	5	3,371	(13)
16	4	174	10	430	–	–	(14)
647	34	3,072	170	13,497	27	124,901	(15)
10	2	66	28	620	3	7,271	(16)
3,192	726	108,733	409	14,775	10	14,167	(17)
33,061	2,700	284,288	12,034	575,351	487	1,650,276	(18)
6,591	514	35,634	1,845	140,295	138	317,467	(19)
6,001	824	123,691	487	57,468	7	32,173	(20)
2,547	516	40,297	1,320	71,936	65	190,293	(21)
7,606	705	38,188	4,597	156,283	194	539,685	(22)
32,903	2,628	282,383	7,309	366,994	245	973,811	(23)
68,454	5,117	405,400	11,949	862,099	1,546	3,764,662	(24)

2 農業経営体（続き）
(4) 販売目的の家畜を飼養している経営体数と 飼養頭羽数（続き）

(5) 農業労働力

			採卵鶏		ブロイラー		世帯員、役員・構成員 （経営主を含む）	
法制上の地域指定			飼養 経営体数	飼養羽数	出荷した 経営体数	出荷羽数	経営体数	人数
			経営体	100羽	経営体	100羽	経営体	人
全 国		(1)	2,909	1,698,818	1,579	5,504,518	1,053,443	2,648,436
農業振興地域・都市計画区域別類型	農業振興地域 農用地区域	市 街 化 区 域 の み (2)	–	–	1	2,650	133	302
		市 街 化 調 整 区 域 の み (3)	284	143,876	53	205,466	109,646	280,670
		市 街 化 ・ 調 整 区 域 (4)	512	374,794	118	319,462	202,620	519,022
		他 の 都 市 計 画 区 域 (5)	826	627,968	352	1,042,553	335,344	853,428
		都 市 計 画 区 域 外 (6)	1,070	465,331	986	3,449,805	346,330	850,978
	農業振興地域 農用地区域外	市 街 化 区 域 の み (7)	–	–	–	–	87	234
		市 街 化 調 整 区 域 の み (8)	29	22,609	7	73,963	14,321	35,239
		市 街 化 ・ 調 整 区 域 (9)	23	28,388	1	3,974	6,477	15,843
		他 の 都 市 計 画 区 域 (10)	49	18,771	24	146,501	13,382	31,888
		都 市 計 画 区 域 外 (11)	30	9,776	22	161,499	6,125	14,114
	農業振興地域外	市 街 化 区 域 の み (12)	1	100	1	14,000	524	1,378
		市 街 化 調 整 区 域 の み (13)	32	1,955	2	52	9,505	24,057
		市 街 化 ・ 調 整 区 域 (14)	6	988	–	–	1,135	2,844
		他 の 都 市 計 画 区 域 (15)	42	4,255	10	63,868	7,229	17,197
		都 市 計 画 区 域 外 (16)	5	8	2	20,723	585	1,242
農山村・過疎地域別特定類型		振 興 山 村 地 域 (17)	20	5,061	3	3,400	6,656	18,008
		過 疎 地 域 (18)	400	196,334	374	1,173,572	156,583	387,947
		特 定 農 山 村 地 域 (19)	218	173,821	118	451,601	85,998	212,546
		山 村 ・ 過 疎 重 複 (20)	7	6,165	9	16,730	5,885	15,654
		山 村 ・ 特 定 農 山 村 重 複 (21)	102	88,008	38	53,467	35,384	88,046
		過 疎 ・ 特 定 農 山 村 重 複 (22)	263	69,545	212	881,269	94,091	224,338
		山 村 ・ 過 疎 ・ 特 定 農 山 村 重 複 (23)	429	207,179	384	1,070,057	111,502	269,867
		指 定 な し (24)	1,470	952,705	441	1,854,421	557,344	1,432,030

雇い入れた実経営体数	実人数	延べ人日	雇用者						
			常雇い			臨時雇い			
			雇い入れた経営体数	実人数	延べ人日	雇い入れた経営体数	実人数	延べ人日	
経営体	人	人日	経営体	人	人日	経営体	人	人日	
153,278	1,084,066	51,733,843	35,580	152,499	31,398,726	136,587	931,567	20,335,117	(1)
17	70	5,872	5	21	4,031	12	49	1,841	(2)
13,956	99,323	5,552,759	3,772	19,083	3,613,096	12,085	80,240	1,939,663	(3)
27,790	199,113	10,012,120	7,280	28,732	5,915,029	24,195	170,381	4,097,091	(4)
51,375	371,129	16,830,992	11,023	48,549	9,987,835	46,460	322,580	6,843,157	(5)
53,122	367,393	16,670,352	11,607	46,903	10,085,904	47,762	320,490	6,584,448	(6)
15	51	4,947	4	7	1,680	13	44	3,267	(7)
1,563	9,996	594,518	435	2,366	395,077	1,327	7,630	199,441	(8)
619	3,825	238,741	170	740	156,378	540	3,085	82,363	(9)
1,794	12,771	662,677	464	2,098	436,059	1,592	10,673	226,618	(10)
826	5,514	347,150	195	1,270	259,631	733	4,244	87,519	(11)
58	434	18,279	14	52	11,736	53	382	6,543	(12)
860	4,612	253,213	260	845	165,794	693	3,767	87,419	(13)
76	384	17,112	27	79	10,245	66	305	6,867	(14)
1,144	9,008	500,150	298	1,650	336,555	1,007	7,358	163,595	(15)
63	443	24,961	26	104	19,676	49	339	5,285	(16)
979	7,339	419,377	315	974	213,374	803	6,365	206,003	(17)
26,086	192,261	7,910,794	5,290	21,915	4,604,866	23,762	170,346	3,305,928	(18)
12,915	90,513	4,120,750	2,380	11,584	2,432,123	11,896	78,929	1,688,627	(19)
1,197	7,330	585,994	437	1,773	416,754	970	5,557	169,240	(20)
4,898	31,983	1,602,338	1,156	4,484	917,409	4,306	27,499	684,929	(21)
14,493	90,750	3,877,041	2,505	10,164	2,165,600	13,520	80,586	1,711,441	(22)
15,076	98,870	4,834,687	3,384	13,884	2,980,746	13,580	84,986	1,853,941	(23)
77,634	565,020	28,382,862	20,113	87,721	17,667,854	67,750	477,299	10,715,008	(24)

2 農業経営体（続き）
(6) 農業生産関連事業を行っている経営体の事業種類別経営体数

法制上の地域指定		計	農業生産関連事業を行っていない	農業生産関連事業を行っている実経営体数	農産物の加工	小売業	観光農園
全　　　　　　　　　　国	(1)	1,053,443	968,417	85,026	29,250	53,446	5,044
市 街 化 区 域 の み	(2)	133	119	14	1	13	-
市 街 化 調 整 区 域 の み	(3)	109,646	98,097	11,549	3,113	8,088	592
市 街 化 ・ 調 整 区 域	(4)	202,620	185,377	17,243	5,081	11,803	941
他 の 都 市 計 画 区 域	(5)	335,344	310,517	24,827	9,099	14,989	1,829
都 市 計 画 区 域 外	(6)	346,330	321,654	24,676	10,283	13,754	1,324
市 街 化 区 域 の み	(7)	87	82	5	-	3	-
市 街 化 調 整 区 域 の み	(8)	14,321	12,578	1,743	344	1,342	84
市 街 化 ・ 調 整 区 域	(9)	6,477	5,753	724	166	531	39
他 の 都 市 計 画 区 域	(10)	13,382	12,185	1,197	407	781	49
都 市 計 画 区 域 外	(11)	6,125	5,561	564	237	321	34
市 街 化 区 域 の み	(12)	524	418	106	25	67	14
市 街 化 調 整 区 域 の み	(13)	9,505	8,055	1,450	224	1,112	101
市 街 化 ・ 調 整 区 域	(14)	1,135	997	138	16	112	6
他 の 都 市 計 画 区 域	(15)	7,229	6,504	725	236	483	31
都 市 計 画 区 域 外	(16)	585	520	65	18	47	-
振 興 山 村 地 域	(17)	6,656	6,040	616	221	392	33
過 疎 地 域	(18)	156,583	147,342	9,241	3,636	5,383	432
特 定 農 山 村 地 域	(19)	85,998	77,688	8,310	3,290	4,805	570
山 村 ・ 過 疎 重 複	(20)	5,885	5,468	417	159	249	25
山 村 ・ 特 定 農 山 村 重 複	(21)	35,384	32,064	3,320	1,378	1,850	238
過 疎 ・ 特 定 農 山 村 重 複	(22)	94,091	87,323	6,768	2,837	3,857	338
山村・過疎・特定農山村重複	(23)	111,502	102,594	8,908	3,554	5,245	405
指 定 な し	(24)	557,344	509,898	47,446	14,175	31,665	3,003

単位：経営体

事業種類別						〈参考〉		
貸農園・体験農園等	農家民宿	農家レストラン	海外への輸出	再生可能エネルギー発電	その他	農業生産関連事業を行っている実経営体数（消費者に直接販売を含む）	消費者に直接販売	
1,305	1,209	1,216	403	1,555	6,895	222,437	199,724	(1)
-	-	-	-	-	1	28	27	(2)
284	26	97	48	191	989	29,311	26,700	(3)
241	54	158	96	343	1,429	45,934	41,789	(4)
280	408	375	139	471	1,992	65,607	58,685	(5)
306	674	490	109	461	1,883	64,737	57,077	(6)
-	-	1	-	-	1	34	33	(7)
57	2	17	6	27	173	4,476	4,164	(8)
14	-	8	-	11	73	1,828	1,665	(9)
16	17	17	2	19	85	3,059	2,767	(10)
7	17	11	-	4	37	1,358	1,198	(11)
10	-	1	-	-	11	273	264	(12)
72	1	24	-	17	149	3,517	3,283	(13)
12	-	2	2	1	15	343	319	(14)
6	8	14	1	8	55	1,788	1,624	(15)
-	2	1	-	2	2	144	129	(16)
8	13	4	3	15	38	1,229	1,063	(17)
119	232	191	61	191	667	24,297	21,448	(18)
105	105	111	38	154	646	21,506	18,965	(19)
8	3	7	4	7	26	825	714	(20)
34	98	71	10	34	252	8,777	7,804	(21)
90	218	97	28	97	507	19,526	17,522	(22)
128	291	227	28	136	695	22,751	20,380	(23)
813	249	508	231	921	4,064	123,526	111,828	(24)

2 農業経営体（続き）
(7) 有機農業に取り組んでいる経営体の取組品目別作付（栽培）経営体数と作付

法制上の地域指定		計	有機農業に取り組んでいない	計		水 稲	
				作付（栽培）実経営体数	作付（栽培）面積	作付経営体数	作付面積
		経営体	経営体	経営体	ha	経営体	ha
全　　　　　　　　　　　国	(1)	1,053,443	986,143	67,300	113,598	34,703	59,945
市 街 化 区 域 の み	(2)	133	129	4	6	1	0
市 街 化 調 整 区 域 の み	(3)	109,646	102,381	7,265	9,544	3,417	5,577
市 街 化 ・ 調 整 区 域	(4)	202,620	190,202	12,418	20,674	6,344	12,066
他 の 都 市 計 画 区 域	(5)	335,344	313,415	21,929	36,114	11,757	20,936
都 市 計 画 区 域 外	(6)	346,330	324,748	21,582	43,263	11,455	19,559
市 街 化 区 域 の み	(7)	87	78	9	4	2	1
市 街 化 調 整 区 域 の み	(8)	14,321	13,285	1,036	981	395	525
市 街 化 ・ 調 整 区 域	(9)	6,477	6,125	352	276	159	120
他 の 都 市 計 画 区 域	(10)	13,382	12,481	901	1,112	446	494
都 市 計 画 区 域 外	(11)	6,125	5,759	366	594	155	168
市 街 化 区 域 の み	(12)	524	467	57	18	5	2
市 街 化 調 整 区 域 の み	(13)	9,505	8,727	778	466	280	220
市 街 化 ・ 調 整 区 域	(14)	1,135	1,068	67	35	30	16
他 の 都 市 計 画 区 域	(15)	7,229	6,739	490	473	244	252
都 市 計 画 区 域 外	(16)	585	539	46	36	13	8
振 興 山 村 地 域	(17)	6,656	6,310	346	1,106	212	386
過 疎 地 域	(18)	156,583	147,456	9,127	21,068	4,869	10,314
特 定 農 山 村 地 域	(19)	85,998	80,222	5,776	7,917	2,894	3,920
山 村 ・ 過 疎 重 複	(20)	5,885	5,583	302	1,462	167	317
山 村 ・ 特 定 農 山 村 重 複	(21)	35,384	32,901	2,483	3,319	1,402	1,685
過 疎 ・ 特 定 農 山 村 重 複	(22)	94,091	88,252	5,839	7,599	2,879	3,997
山 村 ・ 過 疎 ・ 特 定 農 山 村 重 複	(23)	111,502	104,431	7,071	12,051	3,965	5,530
指 定 な し	(24)	557,344	520,988	36,356	59,076	18,315	33,795

（栽培）面積

大 豆		野 菜		果 樹		その他		
作付経営体数	作付面積	作付（栽培）経営体数	作付（栽培）面積	栽培経営体数	栽培面積	作付（栽培）経営体数	作付（栽培）面積	
経営体	ha	経営体	ha	経営体	ha	経営体	ha	
2,801	5,087	23,404	17,951	12,330	9,467	6,445	21,147	(1)
1	5	2	1	1	0	–	–	(2)
235	274	3,017	1,988	1,388	968	514	737	(3)
493	982	4,738	3,741	2,144	1,797	875	2,087	(4)
867	1,671	6,778	4,787	4,560	3,444	1,851	5,276	(5)
1,074	2,070	7,073	6,566	3,413	2,783	2,810	12,285	(6)
–	–	9	3	1	0	–	–	(7)
34	14	512	203	214	130	82	110	(8)
10	1	157	82	70	35	26	38	(9)
25	27	321	251	185	106	90	233	(10)
17	28	138	95	72	60	66	242	(11)
1	0	30	7	22	8	3	1	(12)
31	5	435	141	136	63	57	37	(13)
1	0	22	7	17	12	5	1	(14)
11	11	160	75	99	57	48	78	(15)
1	0	12	2	8	3	18	23	(16)
13	10	89	47	61	36	38	627	(17)
467	1,311	3,119	3,109	1,157	934	1,209	5,399	(18)
255	175	1,670	1,050	1,631	1,257	509	1,515	(19)
16	196	97	228	17	13	54	709	(20)
143	67	723	685	419	362	294	521	(21)
208	117	1,790	958	1,442	1,238	580	1,290	(22)
333	432	2,178	1,531	1,013	695	986	3,862	(23)
1,366	2,779	13,738	10,344	6,590	4,932	2,775	7,225	(24)

有機農業に取り組んでいる

2 農業経営体（続き）
(8) 青色申告を行っている経営体数

法制上の地域指定			計	青色申告を行っていない	青色申告を行っている		
					小計	正規の簿記	簡易簿記
全 国		(1)	1,053,443	684,044	369,399	200,551	141,061
農業振興地域・都市計画区域別類型	農業振興地域 農用地区域	市 街 化 区 域 の み (2)	133	89	44	24	16
		市 街 化 調 整 区 域 の み (3)	109,646	66,451	43,195	23,843	16,001
		市 街 化 ・ 調 整 区 域 (4)	202,620	131,268	71,352	38,812	27,041
		他 の 都 市 計 画 区 域 (5)	335,344	217,240	118,104	62,609	46,222
		都 市 計 画 区 域 外 (6)	346,330	231,332	114,998	63,521	43,742
	農業振興地域 農用地区域外	市 街 化 区 域 の み (7)	87	36	51	27	17
		市 街 化 調 整 区 域 の み (8)	14,321	8,363	5,958	3,225	2,212
		市 街 化 ・ 調 整 区 域 (9)	6,477	4,562	1,915	1,029	729
		他 の 都 市 計 画 区 域 (10)	13,382	9,110	4,272	2,425	1,496
		都 市 計 画 区 域 外 (11)	6,125	4,508	1,617	883	588
	農業振興地域外	市 街 化 区 域 の み (12)	524	186	338	162	135
		市 街 化 調 整 区 域 の み (13)	9,505	5,177	4,328	2,188	1,729
		市 街 化 ・ 調 整 区 域 (14)	1,135	734	401	185	173
		他 の 都 市 計 画 区 域 (15)	7,229	4,534	2,695	1,537	920
		都 市 計 画 区 域 外 (16)	585	454	131	81	40
農山村地域・過疎・特定類型		振 興 山 村 地 域 (17)	6,656	4,262	2,394	1,472	770
		過 疎 地 域 (18)	156,583	99,762	56,821	31,105	22,379
		特 定 農 山 村 地 域 (19)	85,998	57,352	28,646	14,496	11,660
		山 村 ・ 過 疎 重 複 (20)	5,885	3,082	2,803	1,832	873
		山 村 ・ 特 定 農 山 村 重 複 (21)	35,384	25,145	10,239	5,471	3,874
		過 疎 ・ 特 定 農 山 村 重 複 (22)	94,091	64,613	29,478	16,048	11,296
		山 村 ・ 過 疎 ・ 特 定 農 山 村 重 複 (23)	111,502	80,086	31,416	17,337	11,664
		指 定 な し (24)	557,344	349,742	207,602	112,790	78,545

(9) データを活用した農業を行っている経営体数

単位：経営体

単位：経営体

現金主義	計	データを活用した農業を行っていない	データを活用した農業を行っている				
			小計	データを取得して活用	データを取得・記録して活用	データを取得・分析して活用	
27,787	1,053,443	875,134	178,309	106,634	60,000	11,675	(1)
4	133	117	16	8	4	4	(2)
3,351	109,646	92,000	17,646	10,078	6,326	1,242	(3)
5,499	202,620	169,782	32,838	19,256	11,532	2,050	(4)
9,273	335,344	276,601	58,743	35,365	19,646	3,732	(5)
7,735	346,330	286,156	60,174	36,878	19,239	4,057	(6)
7	87	74	13	5	5	3	(7)
521	14,321	12,163	2,158	1,210	810	138	(8)
157	6,477	5,584	893	544	297	52	(9)
351	13,382	11,316	2,066	1,215	705	146	(10)
146	6,125	5,258	867	481	309	77	(11)
41	524	417	107	58	44	5	(12)
411	9,505	8,097	1,408	732	588	88	(13)
43	1,135	998	137	81	47	9	(14)
238	7,229	6,045	1,184	688	427	69	(15)
10	585	526	59	35	21	3	(16)
152	6,656	5,498	1,158	716	360	82	(17)
3,337	156,583	125,316	31,267	19,146	10,164	1,957	(18)
2,490	85,998	72,556	13,442	7,881	4,734	827	(19)
98	5,885	4,269	1,616	940	550	126	(20)
894	35,384	29,964	5,420	3,214	1,853	353	(21)
2,134	94,091	79,314	14,777	9,122	4,678	977	(22)
2,415	111,502	94,894	16,608	10,213	5,261	1,134	(23)
16,267	557,344	463,323	94,021	55,402	32,400	6,219	(24)

3　個人経営体
(1)　主副業別経営体数

単位：経営体

法制上の地域指定	主副業別経営体数				
	主業経営体	65歳未満の農業専従者がいる	準主業経営体	65歳未満の農業専従者がいる	副業的経営体
全　　国　(1)	228,284	199,208	136,171	51,738	651,384
市街化区域のみ　(2)	24	19	19	6	83
市街化調整区域のみ　(3)	20,468	17,827	16,644	7,396	69,229
市街化・調整区域　(4)	45,384	39,510	25,368	9,147	125,684
他の都市計画区域　(5)	72,249	62,247	43,953	15,954	206,667
都市計画区域外　(6)	81,821	72,414	40,709	14,556	210,059
市街化区域のみ　(7)	11	9	24	18	48
市街化調整区域のみ　(8)	1,958	1,718	2,523	1,320	9,492
市街化・調整区域　(9)	964	799	786	296	4,582
他の都市計画区域　(10)	2,017	1,712	1,751	678	9,063
都市計画区域外　(11)	1,021	892	707	274	4,128
市街化区域のみ　(12)	52	43	180	131	284
市街化調整区域のみ　(13)	1,026	900	2,208	1,360	6,084
市街化・調整区域　(14)	145	125	171	85	797
他の都市計画区域　(15)	1,083	938	1,062	490	4,752
都市計画区域外　(16)	61	55	66	27	432
振興山村地域　(17)	1,455	1,266	933	285	3,911
過疎地域　(18)	42,448	37,248	19,475	7,302	87,804
特定農山村地域　(19)	15,962	13,791	10,944	3,959	56,528
山村・過疎重複　(20)	2,136	1,957	577	204	2,777
山村・特定農山村重複　(21)	6,102	5,276	4,556	1,585	23,604
過疎・特定農山村重複　(22)	19,709	17,291	11,356	4,023	60,027
山村・過疎・特定農山村重複　(23)	20,091	17,362	13,792	4,897	72,758
指定なし　(24)	120,381	105,017	74,538	29,483	343,975

（左側縦書き区分：農業振興地域・都市計画区域別類型〔農業振興地域（農用地区域／農用地区域外）、農業振興地域外〕、山村・過疎地域・特定農山村地域別類型）

(2) 農業従事者数等

単位：人

農業従事者数			基幹的農業従事者数			
男女計	男	女	男女計	男	女	
2,439,999	1,368,942	1,071,057	1,333,261	803,674	529,587	(1)
276	168	108	127	83	44	(2)
259,262	144,678	114,584	139,033	83,805	55,228	(3)
481,656	269,172	212,484	261,661	156,229	105,432	(4)
782,946	439,574	343,372	419,370	253,392	165,978	(5)
781,518	439,908	341,610	443,006	266,575	176,431	(6)
208	117	91	117	69	48	(7)
33,242	18,642	14,600	17,831	10,961	6,870	(8)
14,911	8,302	6,609	7,564	4,617	2,947	(9)
29,346	16,529	12,817	14,801	9,313	5,488	(10)
12,827	7,306	5,521	6,744	4,229	2,515	(11)
1,298	733	565	784	499	285	(12)
23,037	12,814	10,223	12,217	7,605	4,612	(13)
2,702	1,503	1,199	1,374	837	537	(14)
15,627	8,863	6,764	8,068	5,123	2,945	(15)
1,143	633	510	564	337	227	(16)
15,857	8,947	6,910	8,136	4,970	3,166	(17)
352,632	199,671	152,961	205,705	125,360	80,345	(18)
198,273	110,538	87,735	104,933	62,858	42,075	(19)
13,926	7,833	6,093	8,915	5,284	3,631	(20)
82,356	46,534	35,822	40,020	24,356	15,664	(21)
208,923	117,300	91,623	117,294	71,064	46,230	(22)
245,989	138,250	107,739	129,566	78,276	51,290	(23)
1,322,043	739,869	582,174	718,692	431,506	287,186	(24)

4 農山村地域
(1) 地域としての取組

(2) 寄り合いを
農業集落数

単位：集落

法制上の地域指定			地域としての取組内容				計	寄り合いを開催した
			実農業集落数	寄り合いの開催がある	地域資源の保全がある	実行組合がある		
全　　　　　　　　　　国	(1)		132,673	129,340	112,140	94,519	138,243	129,340
農業振興地域・都市計画区域別類型	農業振興地域	農用地区域	市 街 化 区 域 の み	(2)	19	18	12	18	19	18
			市 街 化 調 整 区 域 の み	(3)	10,195	9,856	8,554	8,655	10,366	9,856
			市 街 化 ・ 調 整 区 域	(4)	19,158	18,800	17,156	16,001	19,359	18,800
			他 の 都 市 計 画 区 域	(5)	34,642	34,021	31,473	26,175	35,196	34,021
			都 市 計 画 区 域 外	(6)	47,700	46,752	41,946	32,941	49,293	46,752
		農用地区域外	市 街 化 区 域 の み	(7)	23	18	14	20	29	18
			市 街 化 調 整 区 域 の み	(8)	3,280	3,083	2,261	2,301	3,564	3,083
			市 街 化 ・ 調 整 区 域	(9)	1,685	1,614	1,234	1,177	1,796	1,614
			他 の 都 市 計 画 区 域	(10)	4,837	4,621	3,255	2,246	5,343	4,621
			都 市 計 画 区 域 外	(11)	3,982	3,832	2,325	1,549	4,758	3,832
	農業振興地域外		市 街 化 区 域 の み	(12)	83	73	36	46	101	73
			市 街 化 調 整 区 域 の み	(13)	2,234	2,050	1,386	1,484	2,567	2,050
			市 街 化 ・ 調 整 区 域	(14)	359	343	231	208	417	343
			他 の 都 市 計 画 区 域	(15)	3,493	3,308	1,850	1,525	4,147	3,308
			都 市 計 画 区 域 外	(16)	983	951	407	173	1,288	951
農山村地域・過疎・特定別類型			振 興 山 村 地 域	(17)	909	892	821	687	970	892
			過 疎 地 域	(18)	18,760	18,394	15,705	11,839	19,514	18,394
			特 定 農 山 村 地 域	(19)	10,751	10,485	9,285	7,961	11,121	10,485
			山 村 ・ 過 疎 重 複	(20)	719	710	602	483	746	710
			山 村 ・ 特 定 農 山 村 重 複	(21)	4,874	4,784	4,349	3,773	5,117	4,784
			過 疎 ・ 特 定 農 山 村 重 複	(22)	15,499	15,138	12,541	9,317	16,290	15,138
			山村・過疎・特定農山村重複	(23)	20,757	20,225	17,623	12,881	22,151	20,225
			指 定 な し	(24)	60,404	58,712	51,214	47,578	62,334	58,712

開催した　（3）　地域資源の保全状況別農業集落数

単位：集落

単位：集落

寄り合いを開催しなかった	農地のある農業集落数			農地なし	森林のある農業集落数			森林なし	
	計	保全している	保全していない		計	保全している	保全していない		
8,903	135,999	71,472	64,527	2,244	104,372	28,564	75,808	33,871	(1)
1	19	9	10	–	12	3	9	7	(2)
510	10,362	4,619	5,743	4	5,625	1,232	4,393	4,741	(3)
559	19,351	10,211	9,140	8	11,514	3,205	8,309	7,845	(4)
1,175	35,154	19,939	15,215	42	25,827	7,272	18,555	9,369	(5)
2,541	49,086	31,342	17,744	207	45,403	14,207	31,196	3,890	(6)
11	29	4	25	–	11	1	10	18	(7)
481	3,510	912	2,598	54	2,160	316	1,844	1,404	(8)
182	1,758	547	1,211	38	1,251	262	989	545	(9)
722	5,057	1,260	3,797	286	3,635	540	3,095	1,708	(10)
926	4,262	1,216	3,046	496	4,201	791	3,410	557	(11)
28	90	14	76	11	35	3	32	66	(12)
517	2,502	522	1,980	65	1,747	245	1,502	820	(13)
74	373	98	275	44	325	78	247	92	(14)
839	3,506	631	2,875	641	1,407	200	1,207	2,740	(15)
337	940	148	792	348	1,219	209	1,010	69	(16)
78	950	542	408	20	927	281	646	43	(17)
1,120	19,150	10,759	8,391	364	14,936	3,588	11,348	4,578	(18)
636	10,927	5,767	5,160	194	9,318	2,956	6,362	1,803	(19)
36	734	455	279	12	680	178	502	66	(20)
333	4,977	3,099	1,878	140	4,887	1,967	2,920	230	(21)
1,152	15,897	8,665	7,232	393	14,719	3,896	10,823	1,571	(22)
1,926	21,618	13,335	8,283	533	21,494	7,072	14,422	657	(23)
3,622	61,746	28,850	32,896	588	37,411	8,626	28,785	24,923	(24)

4 農山村地域（続き）
（3） 地域資源の保全状況別農業集落数（続き）

法制上の地域指定		ため池・湖沼のある農業集落数			ため池・湖沼なし	河川・ 計
		計	保全 している	保全 していない		
全　　　　　　　　　　　国	(1)	46,927	30,459	16,468	91,316	123,666
市　街　化　区　域　の　み	(2)	4	1	3	15	18
市 街 化 調 整 区 域 の み	(3)	3,436	2,285	1,151	6,930	8,963
市 街 化 ・ 調 整 区 域	(4)	6,692	4,838	1,854	12,667	16,910
他 の 都 市 計 画 区 域	(5)	13,444	9,229	4,215	21,752	32,001
都 市 計 画 区 域 外	(6)	18,050	11,554	6,496	31,243	46,451
市　街　化　区　域　の　み	(7)	3	1	2	26	19
市 街 化 調 整 区 域 の み	(8)	1,121	628	493	2,443	2,877
市 街 化 ・ 調 整 区 域	(9)	550	306	244	1,246	1,478
他 の 都 市 計 画 区 域	(10)	1,187	553	634	4,156	4,478
都 市 計 画 区 域 外	(11)	809	275	534	3,949	4,026
市　街　化　区　域　の　み	(12)	13	8	5	88	59
市 街 化 調 整 区 域 の み	(13)	858	469	389	1,709	2,079
市 街 化 ・ 調 整 区 域	(14)	125	60	65	292	336
他 の 都 市 計 画 区 域	(15)	488	214	274	3,659	2,919
都 市 計 画 区 域 外	(16)	147	38	109	1,141	1,052
振　興　山　村　地　域	(17)	330	199	131	640	939
過　　疎　　地　　域	(18)	7,602	5,130	2,472	11,912	17,072
特 定 農 山 村 地 域	(19)	4,518	3,095	1,423	6,603	10,290
山 村 ・ 過 疎 重 複	(20)	289	182	107	457	705
山 村 ・ 特 定 農 山 村 重 複	(21)	1,463	834	629	3,654	4,937
過 疎 ・ 特 定 農 山 村 重 複	(22)	5,942	3,680	2,262	10,348	14,888
山村・過疎・特定農山村重複	(23)	5,887	3,171	2,716	16,264	21,330
指　　定　　な　　し	(24)	20,896	14,168	6,728	41,438	53,505

単位：集落

水路のある農業集落数		河川・水路なし	農業用用排水路のある農業集落数			農業用用排水路なし	
保全している	保全していない		計	保全している	保全していない		
74,694	48,972	14,577	125,891	102,188	23,703	12,352	(1)
9	9	1	18	12	6	1	(2)
5,403	3,560	1,403	9,875	7,931	1,944	491	(3)
11,096	5,814	2,449	18,913	16,200	2,713	446	(4)
21,826	10,175	3,195	34,091	29,735	4,356	1,105	(5)
28,302	18,149	2,842	45,909	38,117	7,792	3,384	(6)
7	12	10	24	13	11	5	(7)
1,350	1,527	687	2,971	1,953	1,018	593	(8)
711	767	318	1,564	1,071	493	232	(9)
2,178	2,300	865	4,146	2,662	1,484	1,197	(10)
1,402	2,624	732	3,224	1,650	1,574	1,534	(11)
25	34	42	56	29	27	45	(12)
854	1,225	488	1,927	1,114	813	640	(13)
127	209	81	303	175	128	114	(14)
1,174	1,745	1,228	2,427	1,383	1,044	1,720	(15)
230	822	236	443	143	300	845	(16)
594	345	31	828	688	140	142	(17)
10,490	6,582	2,442	17,531	14,386	3,145	1,983	(18)
6,771	3,519	831	10,182	8,559	1,623	939	(19)
362	343	41	620	496	124	126	(20)
3,242	1,695	180	4,629	3,909	720	488	(21)
8,587	6,301	1,402	14,116	11,000	3,116	2,174	(22)
11,430	9,900	821	19,773	15,667	4,106	2,378	(23)
33,218	20,287	8,829	58,212	47,483	10,729	4,122	(24)

4 農山村地域（続き）
(4) 過去1年間に寄り合いの議題となった取組の活動状況別農業集落数

法制上の地域指定		環境美化・自然環境の保全		農業集落行事（祭り・イベントなど）の実施		農業集落内の福祉・厚生	
		行われている	行われていない	行われている	行われていない	行われている	行われていない
全　　　　　　　国	(1)	110,391	4,452	107,256	5,448	68,369	6,405
市 街 化 区 域 の み	(2)	11	–	15	–	7	–
市 街 化 調 整 区 域 の み	(3)	7,969	358	7,909	401	4,768	448
市 街 化 ・ 調 整 区 域	(4)	16,236	536	15,700	710	9,715	900
他 の 都 市 計 画 区 域	(5)	29,907	978	28,551	1,346	19,021	1,809
都 市 計 画 区 域 外	(6)	40,985	1,424	40,005	1,790	25,796	2,218
市 街 化 区 域 の み	(7)	10	1	15	–	7	1
市 街 化 調 整 区 域 の み	(8)	2,357	151	2,361	150	1,382	145
市 街 化 ・ 調 整 区 域	(9)	1,319	72	1,285	75	752	77
他 の 都 市 計 画 区 域	(10)	3,716	241	3,528	277	2,276	260
都 市 計 画 区 域 外	(11)	3,041	272	3,001	279	1,763	224
市 街 化 区 域 の み	(12)	39	5	49	8	22	2
市 街 化 調 整 区 域 の み	(13)	1,340	114	1,520	117	801	103
市 街 化 ・ 調 整 区 域	(14)	268	14	258	21	149	10
他 の 都 市 計 画 区 域	(15)	2,455	179	2,331	187	1,540	155
都 市 計 画 区 域 外	(16)	738	107	728	87	370	53
振 興 山 村 地 域	(17)	780	27	751	39	470	35
過 疎 地 域	(18)	16,061	660	15,172	859	10,152	974
特 定 農 山 村 地 域	(19)	9,134	311	8,980	372	6,021	526
山 村 ・ 過 疎 重 複	(20)	612	21	606	36	413	33
山 村 ・ 特 定 農 山 村 重 複	(21)	4,209	136	4,125	201	2,765	237
過 疎 ・ 特 定 農 山 村 重 複	(22)	12,947	600	12,808	680	8,092	790
山 村 ・ 過 疎 ・ 特 定 農 山 村 重 複	(23)	17,355	736	17,142	850	10,594	978
指 定 な し	(24)	49,293	1,961	47,672	2,411	29,862	2,832

単位：集落

定住を推進する取組		グリーン・ツーリズムの取組		６次産業化への取組		再生可能エネルギーの取組		
行われている	行われていない	行われている	行われていない	行われている	行われていない	行われている	行われていない	
3,200	732	2,513	352	1,394	214	3,081	1,558	(1)
－	－	－	－	－	－	－	－	(2)
167	37	178	25	90	20	233	106	(3)
347	63	307	26	164	24	482	208	(4)
775	165	662	89	406	72	849	466	(5)
1,459	336	1,071	158	619	75	1,142	608	(6)
－	－	－	－	1	－	－	－	(7)
37	11	34	7	13	5	64	34	(8)
41	6	37	4	18	2	34	9	(9)
106	26	77	8	20	4	92	46	(10)
121	33	56	14	23	5	68	33	(11)
1	－	－	1	－	－	4	－	(12)
32	8	23	8	10	2	36	10	(13)
5	4	4	－	－	－	11	5	(14)
65	23	45	10	21	3	54	27	(15)
44	20	19	2	9	2	12	6	(16)
24	6	16	2	15	－	31	16	(17)
399	97	343	65	205	33	442	222	(18)
289	61	209	23	98	18	293	130	(19)
26	7	13	3	9	－	10	10	(20)
198	30	137	15	78	10	121	77	(21)
436	94	324	46	176	21	345	139	(22)
710	183	458	60	291	32	420	256	(23)
1,118	254	1,013	138	522	100	1,419	708	(24)

第Ⅲ部　ＤＩＤまでの所要時間別

1 農業集落の立地条件

(1) 農業地域類型別農業集落数　　　　　(2) 法制上の地域指定

単位：集落

ＤＩＤまでの所要時間	計	都市的地域	平地農業地域	中間農業地域	山間農業地域	実農業集落数	都市計画区 線引きあり 市街化区域	市街化調整区域
						(1)	(2)	(3)
全　　　　　国　(1)	138,243	29,616	34,712	47,291	26,624	138,229	16,646	38,069
15 分 未 満　(2)	48,523	22,711	15,061	9,058	1,693	48,517	13,061	25,033
15 分 ～ 30 分　(3)	50,785	6,111	15,454	21,495	7,725	50,780	3,473	12,258
30 分 ～ 1 時間　(4)	32,367	647	3,384	14,577	13,759	32,366	98	711
1 時間～1 時間半　(5)	4,267	99	251	1,305	2,612	4,266	4	34
1 時 間 半 以 上　(6)	2,301	48	562	856	835	2,300	10	33

(2) 法制上の地域指定に該当している農業集落数（続き）　　(3) 農業振興地域・都市計画区域別

単位：集落

ＤＩＤまでの所要時間	（続き）半島振興対策実施地域	特認地域	いずれの指定もない農業集落数	合計	計	小計	市街化区域のみ	農用 市街化調整区域のみ
	(13)	(14)	(15)	(1)	(2)	(3)	(4)	(5)
全　　　　　国　(1)	14,842	13,603	14	138,243	129,723	114,233	19	19,359
15 分 未 満　(2)	2,822	4,778	6	48,523	43,233	36,763	7	10,944
15 分 ～ 30 分　(3)	4,967	7,312	5	50,785	49,192	44,279	12	7,906
30 分 ～ 1 時間　(4)	6,033	1,319	1	32,367	31,187	27,795	−	475
1 時間～1 時間半　(5)	855	59	1	4,267	4,012	3,585	−	17
1 時 間 半 以 上　(6)	165	135	1	2,301	2,099	1,811	−	17

(3) 農業振興地域・都市計画区域別農業集落数（続き）　　　　　(4) 山村・

単位：集落

ＤＩＤまでの所要時間	農業振興地域外 計	市街化区域のみ	市街化調整区域のみ	市街化・調整区域	他の都市計画区域	都市計画区域外	計	振興山村地域のみ
	(15)	(16)	(17)	(18)	(19)	(20)		
全　　　　　国　(1)	8,520	101	417	2,567	4,147	1,288	75,909	970
15 分 未 満　(2)	5,290	88	197	2,218	2,738	49	12,090	188
15 分 ～ 30 分　(3)	1,593	13	160	329	826	265	27,732	567
30 分 ～ 1 時間　(4)	1,180	−	55	12	493	620	29,745	215
1 時間～1 時間半　(5)	255	−	1	−	59	195	4,091	−
1 時 間 半 以 上　(6)	202	−	4	8	31	159	2,251	−

に該当している農業集落数

単位：集落

| 域 | | 法制上の地域指定に該当している農業集落数 | | | | | | |
| 線引きなし | 農業振興地域 | 農用地区域 | 振興山村地域 | 豪雪地帯 | 特別豪雪地帯 | 離島振興対策実施地域 | 特定農山村地域 | 過疎地域 |
(4)	(5)	(6)	(7)	(8)	(9)	(10)	(11)	(12)
44,976	129,723	114,233	28,984	40,268	11,313	2,169	54,679	58,701	(1)
18,563	43,233	36,763	1,638	12,167	2,977	91	7,538	7,123	(2)
17,869	49,192	44,279	8,657	15,242	4,655	132	18,655	19,286	(3)
7,525	31,187	27,795	15,540	10,899	3,223	191	23,525	26,130	(4)
504	4,012	3,585	2,857	1,365	362	142	3,609	3,970	(5)
515	2,099	1,811	292	595	96	1,613	1,352	2,192	(6)

農業集落数

単位：集落

| 地区域 | | | 農業振興地域 農用地区域外 | | | | | |
| 市街化・調整区域 | 他の都市計画区域 | 都市計画区域外 | 小計 | 市街化区域のみ | 市街化調整区域のみ | 市街化・調整区域 | 他の都市計画区域 | 都市計画区域外 |
(6)	(7)	(8)	(9)	(10)	(11)	(12)	(13)	(14)
10,366	35,196	49,293	15,490	29	1,796	3,564	5,343	4,758	(1)
7,865	13,417	4,530	6,470	20	946	2,863	2,303	338	(2)
2,429	15,050	18,882	4,913	9	753	681	1,820	1,650	(3)
69	5,931	21,320	3,392	-	83	17	1,089	2,203	(4)
3	366	3,199	427	-	12	1	79	335	(5)
-	432	1,362	288	-	2	2	52	232	(6)

過疎・特定農山村地域別農業集落数

単位：集落

| 山村・過疎・特定農山村地域に指定されている農業集落数 | | | | | | いずれの指定もない農業集落数 |
過疎地域のみ	特定農山村地域のみ	山村・過疎重複	山村・特定農山村重複	過疎・特定農山村重複	山村・過疎・特定農山村重複	
19,514	11,121	746	5,117	16,290	22,151	62,334	(1)
4,307	4,138	57	641	2,007	752	36,433	(2)
8,209	5,161	301	2,718	5,705	5,071	23,053	(3)
5,671	1,711	334	1,689	6,823	13,302	2,622	(4)
428	65	54	56	741	2,747	176	(5)
899	46	-	13	1,014	279	50	(6)

1 農業集落の立地条件（続き）
(5) 生活関連施設までの所要時間別農業集落数
ア 市区町村役場

ＤＩＤまでの所要時間	徒歩					計	15分未満	15分～30分
	計	15分未満	15分～30分	30分以上	計測不能			
	(1)	(2)	(3)	(4)	(5)	(6)	(7)	(8)
全 国 (1)	138,243	6,941	14,377	116,420	505	138,243	115,856	19,695
15 分 未 満 (2)	48,523	2,332	6,590	39,586	15	48,523	47,718	788
15 分 ～ 30 分 (3)	50,785	2,582	4,858	43,294	51	50,785	40,688	9,963
30 分 ～ 1 時間 (4)	32,367	1,666	2,490	28,073	138	32,367	23,547	7,328
1 時間～1 時間半 (5)	4,267	175	230	3,775	87	4,267	2,347	1,284
1 時 間 半 以 上 (6)	2,301	186	209	1,692	214	2,301	1,556	332

ア 市区町村役場（続き）　　イ 農協

単位：集落

ＤＩＤまでの所要時間	公共交通機関利用（続き）		徒歩					計
	1時間半以上	計測不能	計	15分未満	15分～30分	30分以上	計測不能	
	(18)	(19)	(1)	(2)	(3)	(4)	(5)	(6)
全 国 (1)	35,918	8,610	138,243	14,532	26,991	96,181	539	138,243
15 分 未 満 (2)	6,276	1,349	48,523	6,966	14,526	27,015	16	48,523
15 分 ～ 30 分 (3)	13,784	3,206	50,785	4,843	8,783	37,111	48	50,785
30 分 ～ 1 時間 (4)	12,569	3,114	32,367	2,342	3,214	26,706	105	32,367
1 時間～1 時間半 (5)	1,999	532	4,267	201	261	3,733	72	4,267
1 時 間 半 以 上 (6)	1,290	409	2,301	180	207	1,616	298	2,301

イ 農協（続き）　　　　　　ウ 警察・交番

単位：集落

ＤＩＤまでの所要時間	公共交通機関利用（続き）				徒歩			
	30分～1時間	1時間～1時間半	1時間半以上	計測不能	計	15分未満	15分～30分	30分以上
	(16)	(17)	(18)	(19)	(1)	(2)	(3)	(4)
全 国 (1)	30,675	14,464	29,851	16,224	138,243	17,066	29,324	91,448
15 分 未 満 (2)	12,060	4,563	4,816	4,312	48,523	8,037	15,384	25,086
15 分 ～ 30 分 (3)	11,595	5,891	10,756	6,532	50,785	5,525	9,376	35,843
30 分 ～ 1 時間 (4)	6,184	3,446	11,045	4,370	32,367	2,922	3,942	25,410
1 時間～1 時間半 (5)	600	441	1,865	636	4,267	316	361	3,531
1 時 間 半 以 上 (6)	236	123	1,369	374	2,301	266	261	1,578

単位：集落

自動車利用				公共交通機関利用					
30分～1時間	1時間～1時間半	1時間半以上	計測不能	計	15分未満	15分～30分	30分～1時間	1時間～1時間半	
(9)	(10)	(11)	(12)	(13)	(14)	(15)	(16)	(17)	
1,829	242	116	505	138,243	9,224	29,434	37,583	17,474	(1)
2	-	-	15	48,523	4,224	14,678	16,027	5,969	(2)
82	1	-	51	50,785	3,053	9,284	14,152	7,306	(3)
1,310	41	3	138	32,367	1,738	4,836	6,495	3,615	(4)
364	174	11	87	4,267	157	476	671	432	(5)
71	26	102	214	2,301	52	160	238	152	(6)

単位：集落

自動車利用						公共交通機関利用			
15分未満	15分～30分	30分～1時間	1時間～1時間半	1時間半以上	計測不能	計	15分未満	15分～30分	
(7)	(8)	(9)	(10)	(11)	(12)	(13)	(14)	(15)	
126,433	9,681	1,279	204	107	539	138,243	15,409	31,620	(1)
48,352	152	3	-	-	16	48,523	8,064	14,708	(2)
47,731	2,963	42	-	1	48	50,785	5,082	10,929	(3)
26,398	5,111	733	14	6	105	32,367	2,042	5,280	(4)
2,523	1,147	370	140	15	72	4,267	183	542	(5)
1,429	308	131	50	85	298	2,301	38	161	(6)

単位：集落

自動車利用								公共交通機関利用	
計測不能	計	15分未満	15分～30分	30分～1時間	1時間～1時間半	1時間半以上	計測不能	計	
(5)	(6)	(7)	(8)	(9)	(10)	(11)	(12)	(13)	
405	138,243	128,049	8,544	895	220	130	405	138,243	(1)
16	48,523	48,441	66	-	-	-	16	48,523	(2)
41	50,785	47,874	2,830	38	-	2	41	50,785	(3)
93	32,367	27,178	4,471	559	63	3	93	32,367	(4)
59	4,267	2,906	889	235	134	44	59	4,267	(5)
196	2,301	1,650	288	63	23	81	196	2,301	(6)

1 農業集落の立地条件（続き）
(5) 生活関連施設までの所要時間別農業集落数（続き）
ウ 警察・交番（続き）　　　　　　　　　　　　　　　エ 病院・

単位：集落

DIDまでの所要時間		公共交通機関利用（続き）						エ 病院・	
		15分未満	15分～30分	30分～1時間	1時間～1時間半	1時間半以上	計測不能	計	15分未満
		(14)	(15)	(16)	(17)	(18)	(19)	(1)	(2)
全国	(1)	18,459	31,407	28,847	13,416	27,971	18,143	138,243	30,637
15 分 未 満	(2)	9,985	14,441	11,001	4,188	4,536	4,372	48,523	17,294
15 分 ～ 30 分	(3)	5,717	10,875	11,281	5,555	10,366	6,991	50,785	8,615
30 分 ～ 1 時間	(4)	2,423	5,328	5,722	3,222	10,251	5,421	32,367	4,019
1 時間～1 時間半	(5)	252	559	592	361	1,716	787	4,267	377
1 時間半以上	(6)	82	204	251	90	1,102	572	2,301	332

エ 病院・診療所（続き）

単位：集落

DIDまでの所要時間		自動車利用（続き）		公共交通機関利用					
		計測不能	計	15分未満	15分～30分	30分～1時間	1時間～1時間半	1時間半以上	計測不能
		(12)	(13)	(14)	(15)	(16)	(17)	(18)	(19)
全国	(1)	138	138,243	21,744	27,077	22,339	10,152	21,042	35,889
15 分 未 満	(2)	9	48,523	11,666	11,155	7,527	2,768	2,925	12,482
15 分 ～ 30 分	(3)	17	50,785	6,823	9,979	8,969	4,292	7,657	13,065
30 分 ～ 1 時間	(4)	33	32,367	2,927	5,209	5,061	2,666	8,367	8,137
1 時間～1 時間半	(5)	14	4,267	258	544	596	329	1,445	1,095
1 時間半以上	(6)	65	2,301	70	190	186	97	648	1,110

オ 小学校（続き）

DIDまでの所要時間		自動車利用（続き）			公共交通機関利用				
		1時間～1時間半	1時間半以上	計測不能	計	15分未満	15分～30分	30分～1時間	1時間～1時間半
		(10)	(11)	(12)	(13)	(14)	(15)	(16)	(17)
全国	(1)	146	156	224	138,243	12,476	20,811	16,374	5,805
15 分 未 満	(2)	-	-	11	48,523	6,295	9,088	6,159	1,807
15 分 ～ 30 分	(3)	7	3	32	50,785	4,142	7,377	5,997	2,212
30 分 ～ 1 時間	(4)	24	9	62	32,367	1,805	3,844	3,637	1,561
1 時間～1 時間半	(5)	98	49	37	4,267	178	373	487	187
1 時間半以上	(6)	17	95	82	2,301	56	129	94	38

診療所

単位：集落

	徒歩			自動車利用				
15分～30分	30分以上	計測不能	計	15分未満	15分～30分	30分～1時間	1時間～1時間半	1時間半以上
(3)	(4)	(5)	(6)	(7)	(8)	(9)	(10)	(11)
30,014	77,454	138	138,243	130,801	6,368	678	155	103	(1)
14,460	16,760	9	48,523	48,474	38	-	1	1	(2)
10,537	31,616	17	50,785	48,838	1,888	38	-	4	(3)
4,349	23,966	33	32,367	28,558	3,323	425	23	5	(4)
390	3,486	14	4,267	3,077	883	168	112	13	(5)
278	1,626	65	2,301	1,854	236	47	19	80	(6)

オ　小学校

単位：集落

徒歩					自動車利用			
計	15分未満	15分～30分	30分以上	計測不能	計	15分未満	15分～30分	30分～1時間
(1)	(2)	(3)	(4)	(5)	(6)	(7)	(8)	(9)
138,243	20,789	34,897	82,333	224	138,243	128,901	7,848	968	(1)
48,523	10,237	17,343	20,932	11	48,523	48,277	225	10	(2)
50,785	6,702	12,013	32,038	32	50,785	48,593	2,059	91	(3)
32,367	3,135	4,686	24,484	62	32,367	27,207	4,496	569	(4)
4,267	345	469	3,416	37	4,267	2,950	884	249	(5)
2,301	370	386	1,463	82	2,301	1,874	184	49	(6)

カ　中学校

単位：集落　　　　　　　　　　単位：集落

1時間半以上	計測不能	徒歩					自動車利用	
		計	15分未満	15分～30分	30分以上	計測不能	計	15分未満
(18)	(19)	(1)	(2)	(3)	(4)	(5)	(6)	(7)
11,393	71,384	138,243	9,004	22,297	106,674	268	138,243	122,802	(1)
2,512	22,662	48,523	4,485	12,007	32,020	11	48,523	48,015	(2)
4,213	26,844	50,785	2,763	6,894	41,094	34	50,785	46,316	(3)
3,814	17,706	32,367	1,398	2,862	28,027	80	32,367	24,372	(4)
634	2,408	4,267	174	294	3,748	51	4,267	2,445	(5)
220	1,764	2,301	184	240	1,785	92	2,301	1,654	(6)

1 農業集落の立地条件（続き）
（5） 生活関連施設までの所要時間別農業集落数（続き）
カ 中学校（続き）

ＤＩＤまでの所要時間	自動車利用（続き）							
	15分〜30分	30分〜1時間	1時間〜1時間半	1時間半以上	計測不能	計	15分未満	15分〜30分
	(8)	(9)	(10)	(11)	(12)	(13)	(14)	(15)
全　　　　国　(1)	13,332	1,519	177	145	268	138,243	7,998	23,152
15 分 未 満　(2)	478	15	4	–	11	48,523	4,225	10,558
15 分 〜 30 分　(3)	4,278	145	9	3	34	50,785	2,435	8,272
30 分 〜 1 時 間　(4)	6,974	892	29	20	80	32,367	1,206	3,820
1 時間〜1時間半　(5)	1,234	394	113	30	51	4,267	106	388
1 時 間 半 以 上　(6)	368	73	22	92	92	2,301	26	114

キ 公民館（続き）

ＤＩＤまでの所要時間	自動車利用							計
	計	15分未満	15分〜30分	30分〜1時間	1時間〜1時間半	1時間半以上	計測不能	
	(6)	(7)	(8)	(9)	(10)	(11)	(12)	(13)
全　　　　国　(1)	138,243	112,268	20,465	4,288	404	266	552	138,243
15 分 未 満　(2)	48,523	45,307	3,086	115	1	–	14	48,523
15 分 〜 30 分　(3)	50,785	42,473	7,664	599	8	–	41	50,785
30 分 〜 1 時 間　(4)	32,367	21,516	8,171	2,412	145	14	109	32,367
1 時間〜1時間半　(5)	4,267	1,992	1,134	770	157	135	79	4,267
1 時 間 半 以 上　(6)	2,301	980	410	392	93	117	309	2,301

ク スーパーマーケット・コンビニエンスストア（続き）

ＤＩＤまでの所要時間	徒歩（続き）		自動車利用					
	30分以上	計測不能	計	15分未満	15分〜30分	30分〜1時間	1時間〜1時間半	1時間半以上
	(4)	(5)	(6)	(7)	(8)	(9)	(10)	(11)
全　　　　国　(1)	73,289	605	138,243	124,623	10,555	2,043	294	123
15 分 未 満　(2)	12,288	16	48,523	48,440	67	–	–	–
15 分 〜 30 分　(3)	30,104	57	50,785	47,983	2,643	101	–	1
30 分 〜 1 時 間　(4)	25,481	141	32,367	24,761	6,189	1,226	43	7
1 時間〜1時間半　(5)	3,739	93	4,267	2,115	1,290	568	187	14
1 時 間 半 以 上　(6)	1,677	298	2,301	1,324	366	148	64	101

キ　公民館

単位：集落　　　　　　　　　　　　　　　　　　　　　　　単位：集落

	公共交通機関利用			徒歩				
30分～1時間	1時間～1時間半	1時間半以上	計測不能	計	15分未満	15分～30分	30分以上	計測不能
(16)	(17)	(18)	(19)	(1)	(2)	(3)	(4)	(5)
24,830	9,827	17,942	54,494	138,243	11,707	20,646	105,338	552	(1)
10,013	3,330	4,082	16,315	48,523	5,349	10,810	32,350	14	(2)
9,082	3,823	6,869	20,304	50,785	3,938	6,750	40,056	41	(3)
5,023	2,366	5,700	14,252	32,367	2,056	2,690	27,512	109	(4)
590	256	948	1,979	4,267	207	262	3,719	79	(5)
122	52	343	1,644	2,301	157	134	1,701	309	(6)

ク　スーパーマーケット・コンビニエンスストア

単位：集落　　　　　　　　　　　　　　　　　　　　　　　単位：集落

	公共交通機関利用					徒歩		
15分未満	15分～30分	30分～1時間	1時間～1時間半	1時間半以上	計測不能	計	15分未満	15分～30分
(14)	(15)	(16)	(17)	(18)	(19)	(1)	(2)	(3)
10,688	26,420	32,377	16,670	36,852	15,236	138,243	35,505	28,844	(1)
5,709	12,715	13,542	5,927	6,961	3,669	48,523	22,296	13,923	(2)
3,422	9,170	12,115	6,652	13,435	5,991	50,785	9,602	11,022	(3)
1,394	4,129	6,011	3,514	12,774	4,545	32,367	3,222	3,523	(4)
125	331	539	448	2,154	670	4,267	216	219	(5)
38	75	170	129	1,528	361	2,301	169	157	(6)

単位：集落

	公共交通機関利用						
計測不能	計	15分未満	15分～30分	30分～1時間	1時間～1時間半	1時間半以上	計測不能
(12)	(13)	(14)	(15)	(16)	(17)	(18)	(19)
605	138,243	23,298	24,186	20,310	9,412	21,175	39,862	(1)
16	48,523	13,009	9,772	6,276	2,055	2,436	14,975	(2)
57	50,785	7,273	9,362	8,181	4,014	7,037	14,918	(3)
141	32,367	2,789	4,483	5,144	2,814	8,948	8,189	(4)
93	4,267	184	446	521	389	1,771	956	(5)
298	2,301	43	123	188	140	983	824	(6)

1　農業集落の立地条件（続き）
（5）　生活関連施設までの所要時間別農業集落数（続き）
ケ　郵便局

ＤＩＤまでの所要時間		徒歩						
		計	15分未満	15分～30分	30分以上	計測不能	計	15分未満	15分～30分
		(1)	(2)	(3)	(4)	(5)	(6)	(7)	(8)
全　　　国	(1)	138,243	31,697	40,694	65,704	148	138,243	135,198	2,296
15　分　未　満	(2)	48,523	14,096	18,405	16,014	8	48,523	48,494	20
15　分　～　30　分	(3)	50,785	10,247	14,373	26,142	23	50,785	50,206	534
30　分　～　1　時　間	(4)	32,367	6,062	6,784	19,486	35	32,367	30,826	1,253
1　時　間　～　1　時　間　半	(5)	4,267	716	656	2,880	15	4,267	3,637	410
1　時　間　半　以　上	(6)	2,301	576	476	1,182	67	2,301	2,035	79

ケ　郵便局（続き）　　　　　　　コ　ガソリンスタンド

単位：集落

ＤＩＤまでの所要時間		公共交通機関利用（続き）		自動車利用					
		1時間半以上	計測不能	計	15分未満	15分～30分	30分～1時間	1時間～1時間半	1時間半以上
		(18)	(19)						
全　　　国	(1)	19,465	30,823	138,243	131,208	5,625	706	149	119
15　分　未　満	(2)	3,507	7,936	48,523	48,444	62	2	－	－
15　分　～　30　分	(3)	7,371	11,428	50,785	49,070	1,627	32	2	1
30　分　～　1　時　間	(4)	6,878	8,994	32,367	28,768	3,013	422	16	19
1　時　間　～　1　時　間　半	(5)	1,213	1,215	4,267	3,101	768	206	114	12
1　時　間　半　以　上	(6)	496	1,250	2,301	1,825	155	44	17	87

サ　駅（続き）

ＤＩＤまでの所要時間		自動車利用（続き）				公共交通機関			
		30分～1時間	1時間～1時間半	1時間半以上	計測不能	計	15分未満	15分～30分	30分～1時間
		(9)	(10)	(11)	(12)	(13)	(14)	(15)	(16)
全　　　国	(1)	11,002	1,497	1,187	2,760	138,243	13,899	27,355	33,379
15　分　未　満	(2)	293	78	154	157	48,523	8,103	14,994	13,380
15　分　～　30　分	(3)	1,447	128	274	215	50,785	4,154	8,926	13,595
30　分　～　1　時　間	(4)	7,640	594	469	306	32,367	1,542	3,247	5,918
1　時　間　～　1　時　間　半	(5)	1,494	616	162	185	4,267	100	185	451
1　時　間　半　以　上	(6)	128	81	128	1,897	2,301	－	3	35

単位：集落

自動車利用				公共交通機関利用					
30分～1時間	1時間～1時間半	1時間半以上	計測不能	計	15分未満	15分～30分	30分～1時間	1時間～1時間半	
(9)	(10)	(11)	(12)	(13)	(14)	(15)	(16)	(17)	
363	147	91	148	138,243	24,200	29,565	23,951	10,239	(1)
-	1	-	8	48,523	12,170	12,718	9,263	2,929	(2)
19	1	2	23	50,785	7,780	10,692	9,203	4,311	(3)
238	10	5	35	32,367	3,755	5,357	4,781	2,602	(4)
85	113	7	15	4,267	390	606	522	321	(5)
21	22	77	67	2,301	105	192	182	76	(6)

サ　駅

単位：集落　　　　　　　　　　　　　　　　　　　　　　　　　　　　　単位：集落

計測不能	徒歩					自動車利用		
	計	15分未満	15分～30分	30分以上	計測不能	計	15分未満	15分～30分
	(1)	(2)	(3)	(4)	(5)	(6)	(7)	(8)
436	138,243	10,201	17,874	107,408	2,760	138,243	96,663	25,134	(1)
15	48,523	5,075	10,023	33,268	157	48,523	45,796	2,045	(2)
53	50,785	3,432	5,607	41,531	215	50,785	35,689	13,032	(3)
129	32,367	1,588	2,097	28,376	306	32,367	14,278	9,080	(4)
66	4,267	104	144	3,834	185	4,267	866	944	(5)
173	2,301	2	3	399	1,897	2,301	34	33	(6)

シ　バス停

単位：集落　　　　　　　　　　　　　　　　　　　　　　　　　　　　　単位：集落

利用			徒歩				
1時間～1時間半	1時間半以上	計測不能	計	15分未満	15分～30分	30分以上	計測不能
(17)	(18)	(19)	(1)	(2)	(3)	(4)	(5)
16,565	37,354	9,691	138,243	67,286	21,609	48,029	1,319	(1)
4,771	4,743	2,532	48,523	29,817	8,233	10,457	16	(2)
7,112	13,363	3,635	50,785	23,131	8,324	19,273	57	(3)
4,098	14,743	2,819	32,367	12,492	4,422	15,305	148	(4)
546	2,600	385	4,267	1,245	466	2,421	135	(5)
38	1,905	320	2,301	601	164	573	963	(6)

1　農業集落の立地条件（続き）
（5）　生活関連施設までの所要時間別農業集落数（続き）
シ　バス停（続き）

ス

単位：集落

ＤＩＤまでの所要時間	自動車利用							計
	計	15分未満	15分～30分	30分～1時間	1時間～1時間半	1時間半以上	計測不能	
	(6)	(7)	(8)	(9)	(10)	(11)	(12)	(1)
全　　　国　(1)	138,243	127,261	7,280	1,874	352	157	1,319	138,243
15　分　未　満　(2)	48,523	48,186	290	31	-	-	16	48,523
15　分　～　30　分　(3)	50,785	47,771	2,663	272	21	1	57	50,785
30　分　～　1　時　間　(4)	32,367	27,429	3,570	1,119	85	16	148	32,367
1　時間～1時間半　(5)	4,267	2,824	663	393	200	52	135	4,267
1　時　間　半　以　上　(6)	2,301	1,051	94	59	46	88	963	2,301

ス　空港（続き）

ＤＩＤまでの所要時間	自動車利用（続き）		公共交通機関利用					
	1時間半以上	計測不能	計	15分未満	15分～30分	30分～1時間	1時間～1時間半	1時間半以上
	(11)	(12)	(13)	(14)	(15)	(16)	(17)	(18)
全　　　国　(1)	29,252	4,151	138,243	69	542	4,409	11,054	118,084
15　分　未　満　(2)	8,153	1,340	48,523	42	272	2,511	5,864	38,175
15　分　～　30　分　(3)	9,436	1,328	50,785	17	198	1,219	3,860	43,802
30　分　～　1　時　間　(4)	9,158	640	32,367	6	52	514	999	30,134
1　時間～1時間半　(5)	2,152	202	4,267	-	4	50	210	3,957
1　時　間　半　以　上　(6)	353	641	2,301	4	16	115	121	2,016

空港

単位：集落

徒歩				自動車利用				
15分未満	15分～30分	30分以上	計測不能	計	15分未満	15分～30分	30分～1時間	1時間～1時間半
(2)	(3)	(4)	(5)	(6)	(7)	(8)	(9)	(10)
22	67	127,459	10,695	138,243	3,352	12,183	44,870	44,435	(1)
2	29	43,894	4,598	48,523	1,326	5,270	18,217	14,217	(2)
8	19	46,971	3,787	50,785	1,366	4,920	17,414	16,321	(3)
-	5	30,910	1,452	32,367	269	1,463	8,531	12,306	(4)
-	-	4,050	217	4,267	19	39	356	1,499	(5)
12	14	1,634	641	2,301	372	491	352	92	(6)

セ　高速自動車道路のインターチェンジ

単位：集落

単位：集落

計測不能		自動車利用					
	計	15分未満	15分～30分	30分～1時間	1時間～1時間半	1時間半以上	計測不能
(19)							
4,085	138,243	66,120	42,774	21,198	3,647	1,505	2,999	(1)
1,659	48,523	32,819	12,692	2,394	276	145	197	(2)
1,689	50,785	25,801	18,590	5,278	637	181	298	(3)
662	32,367	7,387	11,011	11,566	1,594	388	421	(4)
46	4,267	113	481	1,955	1,027	506	185	(5)
29	2,301	-	-	5	113	285	1,898	(6)

2　農業集落の概況
(1)　農家数規模別農業集落数
ア　実数

ＤＩＤまでの所要時間		計	5戸以下	6～9	10～19	20～29	30～39	40～49	50～69
全　　　　国	(1)	138,243	45,111	26,982	40,326	15,124	5,796	2,435	1,718
15　分　未　満	(2)	48,523	12,807	8,877	15,279	6,540	2,617	1,165	850
15　分　～　30　分	(3)	50,785	15,255	10,140	15,499	5,776	2,282	901	660
30　分　～　1　時　間	(4)	32,367	13,871	6,787	8,074	2,368	735	309	163
1　時間～1時間半	(5)	4,267	2,152	811	924	246	79	26	17
1　時　間　半　以　上	(6)	2,301	1,026	367	550	194	83	34	28

(2)　総土地面積規模別

イ　構成比（続き）

単位：％

ＤＩＤまでの所要時間		40～49	50～69	70～99	100～149	150戸以上	計	50ha未満	50～100
		(7)	(8)	(9)	(10)	(11)			
全　　　　国	(1)	1.8	1.2	0.4	0.1	0.0	138,243	33,982	32,076
15　分　未　満	(2)	2.4	1.8	0.6	0.2	0.0	48,523	16,019	14,174
15　分　～　30　分	(3)	1.8	1.3	0.4	0.1	0.0	50,785	12,280	11,761
30　分　～　1　時　間	(4)	1.0	0.5	0.1	0.0	0.0	32,367	4,951	5,252
1　時間～1時間半	(5)	0.6	0.4	0.3	0.0	0.0	4,267	400	520
1　時　間　半　以　上	(6)	1.5	1.2	0.4	0.4	0.0	2,301	332	369

(3)　耕地面積規模別農業集落数（続き）

ＤＩＤまでの所要時間		耕地のある農業集落数（続き）							
		10～15	15～20	20～30	30～50	50～100	100～150	150～200	200～300
		(3)	(4)	(5)	(6)	(7)	(8)	(9)	(10)
全　　　　国	(1)	17,013	12,716	17,680	18,275	14,362	3,751	1,389	1,204
15　分　未　満	(2)	5,751	4,554	6,760	7,363	5,915	1,346	385	271
15　分　～　30　分	(3)	6,357	4,850	6,585	7,163	5,800	1,570	598	460
30　分　～　1　時　間	(4)	4,305	2,865	3,686	3,134	2,135	631	309	373
1　時間～1時間半	(5)	418	298	411	350	283	139	65	83
1　時　間　半　以　上	(6)	182	149	238	265	229	65	32	17

イ　構成比

単位：集落　　　　　　　　　　　　　　　　　　　　　　　　　　　　　　　　　単位：％

70～99	100～149	150戸以上	計	5戸以下	6～9	10～19	20～29	30～39	
			(1)	(2)	(3)	(4)	(5)	(6)	
573	155	23	100.0	32.6	19.5	29.2	10.9	4.2	(1)
289	86	13	100.0	26.4	18.3	31.5	13.5	5.4	(2)
221	44	7	100.0	30.0	20.0	30.5	11.4	4.5	(3)
42	15	3	100.0	42.9	21.0	24.9	7.3	2.3	(4)
12	0	0	100.0	50.4	19.0	21.7	5.8	1.9	(5)
9	10	0	100.0	44.6	15.9	23.9	8.4	3.6	(6)

農業集落数

（3）　耕地面積規模別農業集落数

単位：集落　　　　　　　　　　　　　　　　　　　　　　　　　　単位：集落

100～150	150～200	200～250	250～300	300～400	400～500	500ha以上	耕地のある農業集落数		
							計	10ha未満	
							(1)	(2)	
19,716	12,496	8,478	5,892	7,565	4,378	13,660	135,999	48,331	(1)
7,193	3,834	2,249	1,377	1,526	732	1,419	47,904	15,367	(2)
7,648	4,981	3,367	2,341	2,826	1,587	3,994	50,221	16,415	(3)
4,160	3,161	2,438	1,808	2,660	1,685	6,252	31,530	13,546	(4)
419	306	251	238	365	257	1,511	4,115	1,964	(5)
296	214	173	128	188	117	484	2,229	1,039	(6)

（4）　耕地率別農業集落数

単位：集落　　　　　　　　　　　　　　　　　　　　　　　　　　単位：集落

300～400	400～500	500ha以上	耕地がない農業集落数	耕地のある農業集落数					
				計	10%未満	10～20	20～30	30～40	
(11)	(12)	(13)	(14)	(1)	(2)	(3)	(4)	(5)	
516	315	447	2,244	135,999	51,159	24,444	16,388	12,526	(1)
94	45	53	619	47,904	11,506	8,215	6,676	5,883	(2)
177	95	151	564	50,221	17,237	9,377	6,307	4,717	(3)
214	145	187	837	31,530	18,438	5,842	2,819	1,573	(4)
26	25	53	152	4,115	2,737	682	319	177	(5)
5	5	3	72	2,229	1,241	328	267	176	(6)

2　農業集落の概況（続き）
（4）　耕地率別農業集落数（続き）　　　　　　　　　　　　　　　　　（5）　田

単位：集落

ＤＩＤまでの所要時間	耕地のある農業集落数（続き）						耕地がない農業集落数	計
	40～50	50～60	60～70	70～80	80～90	90％以上		
	(6)	(7)	(8)	(9)	(10)	(11)	(12)	
全　　国　(1)	9,958	8,845	7,054	4,223	1,240	162	2,244	119,760
15 分 未 満　(2)	4,955	4,577	3,497	2,018	522	55	619	42,734
15 分 ～ 30 分　(3)	3,784	3,399	2,886	1,839	596	79	564	45,639
30 分 ～ 1 時間　(4)	1,026	765	600	327	112	28	837	26,802
1 時間～1 時間半　(5)	81	61	38	17	3	0	152	3,077
1 時 間 半 以 上　(6)	112	43	33	22	7	0	72	1,508

（6）　水田率別農業集落数

3　農業集落内での活動状況
（1）　地域としての取組別農業集落数

単位：集落　　　　　　　単位：集落

ＤＩＤまでの所要時間	計	水田集落（70％以上）	田畑集落（30～70）	畑地集落（30％未満）	実農業集落数	寄り合いの開催がある	地域資源の保全がある	実行組合がある
					地域としての取組内容			
全　　国　(1)	138,243	71,312	29,380	37,551	132,673	129,340	112,140	94,519
15 分 未 満　(2)	48,523	26,711	9,771	12,041	46,834	45,445	39,160	36,879
15 分 ～ 30 分　(3)	50,785	28,001	10,766	12,018	49,267	48,211	43,139	35,940
30 分 ～ 1 時 間　(4)	32,367	14,691	7,442	10,234	30,515	29,784	25,271	18,499
1 時間～1 時間半　(5)	4,267	1,352	981	1,934	3,916	3,811	3,063	2,198
1 時 間 半 以 上　(6)	2,301	557	420	1,324	2,141	2,089	1,507	1,003

ア　実数（続き）　　　　　　　　イ　構成比

単位：集落

ＤＩＤまでの所要時間	寄り合いがある（続き） 24回以上	寄り合いがない	計	寄り合いがある				
				小計	1～2回	3～5	6～11	12～23
	(7)	(8)						
全　　国　(1)	7,899	8,903	100.0	93.6	14.2	23.6	25.4	24.6
15 分 未 満　(2)	3,355	3,078	100.0	93.7	14.6	22.1	25.1	24.9
15 分 ～ 30 分　(3)	3,144	2,574	100.0	94.9	13.0	23.3	26.0	26.4
30 分 ～ 1 時 間　(4)	1,181	2,583	100.0	92.0	15.1	25.7	25.1	22.4
1 時間～1 時間半　(5)	147	456	100.0	89.3	16.8	27.6	24.3	17.1
1 時 間 半 以 上　(6)	72	212	100.0	90.8	18.1	25.0	23.6	21.0

の耕地面積規模別農業集落数

単位：集落

田のある農業集落数								田がない農業集落数	
5ha未満	5～10	10～15	15～20	20～30	30～50	50～100	100ha以上		
33,964	21,871	15,437	10,640	13,878	12,784	8,533	2,653	18,483	(1)
10,948	6,834	5,262	3,862	5,460	5,447	3,853	1,068	5,789	(2)
11,878	8,452	5,916	4,115	5,292	5,184	3,561	1,241	5,146	(3)
9,237	5,707	3,738	2,310	2,684	1,864	958	304	5,565	(4)
1,228	636	358	228	312	181	106	28	1,190	(5)
673	242	163	125	130	108	55	12	793	(6)

(2) 実行組合のある農業集落数　　(3) 寄り合いの回数規模別農業集落数　　ア　実数

単位：集落　　　　　　　　　　　　　　　　単位：集落

計	実行組合がある	実行組合がない	計	寄り合いがある					
				小計	1～2回	3～5	6～11	12～23	
			(1)	(2)	(3)	(4)	(5)	(6)	
138,243	94,519	43,724	138,243	129,340	19,683	32,668	35,089	34,001	(1)
48,523	36,879	11,644	48,523	45,445	7,079	10,729	12,179	12,103	(2)
50,785	35,940	14,845	50,785	48,211	6,585	11,857	13,205	13,420	(3)
32,367	18,499	13,868	32,367	29,784	4,886	8,327	8,124	7,266	(4)
4,267	2,198	2,069	4,267	3,811	717	1,179	1,039	729	(5)
2,301	1,003	1,298	2,301	2,089	416	576	542	483	(6)

(4) 寄り合いの議題別農業集落数

単位：％　　　　　　　　　　　　　　　　　　　　　　　　　　　単位：集落

24回以上	寄り合いがない	寄り合いを開催した農業集落数	寄り合いの議題（複数回答）						
			農業生産にかかる事項	農道・農業用排水路・ため池の管理	集落共有財産・共用施設の管理	環境美化・自然環境の保全	農業集落行事（祭り・イベントなど）の実施	農業集落内の福祉・厚生	
		(1)	(2)	(3)	(4)	(5)	(6)	(7)	
5.7	6.4	129,340	77,811	98,276	87,105	114,843	112,704	74,774	(1)
6.9	6.3	45,445	28,057	34,820	28,595	39,110	38,769	25,377	(2)
6.2	5.1	48,211	30,237	38,350	33,938	43,738	42,402	28,891	(3)
3.6	8.0	29,784	16,578	21,444	20,666	26,832	26,299	17,263	(4)
3.4	10.7	3,811	1,997	2,445	2,599	3,359	3,413	2,141	(5)
3.1	9.2	2,089	942	1,217	1,307	1,804	1,821	1,102	(6)

3　農業集落内での活動状況（続き）
（4）　寄り合いの議題別農業集落数（続き）

4　地域資源の
（1）　農地

単位：集落

ＤＩＤまでの所要時間		寄り合いの課題（複数回答）（続き）					寄り合いを開催しなかった農業集落数	合計	計
		定住を推進する取組	グリーン・ツーリズムの取組	6次産業化への取組	再生可能エネルギーの取組	その他			
		(8)	(9)	(10)	(11)	(12)	(13)		
全　　　　国	(1)	3,932	2,865	1,608	4,639	6,355	8,903	138,243	135,999
15　分　未　満	(2)	1,004	919	507	1,556	2,208	3,078	48,523	47,904
15　分　～　30　分	(3)	1,510	1,096	593	1,737	2,231	2,574	50,785	50,221
30　分　～　1　時間	(4)	1,187	709	429	1,151	1,587	2,583	32,367	31,530
1　時間～1　時間半	(5)	158	91	51	150	207	456	4,267	4,115
1　時　間　半　以　上	(6)	73	50	28	45	122	212	2,301	2,229

（2）　森林（続き）

（3）　ため池・湖沼

単位：集落

ＤＩＤまでの所要時間		森林のある農業集落数（続き）			合計	ため池・湖沼のある農業集落数				
		保全している（続き）	保全していない	森林のない農業集落数		計	保全している			
		他の農業集落と共同					小計	単独の農業集落	他の農業集落と共同	
		(5)	(6)	(7)						
全　　　　国	(1)	8,661	75,808	33,871	138,243	46,927	30,459	18,412	12,047	
15　分　未　満	(2)	2,115	20,744	21,175	48,523	14,693	9,863	5,952	3,911	
15　分　～　30　分	(3)	3,515	29,071	10,397	50,785	20,100	13,599	8,062	5,537	
30　分　～　1　時間	(4)	2,522	21,400	2,038	32,367	10,223	5,898	3,736	2,162	
1　時間～1　時間半	(5)	379	2,849	176	4,267	990	530	317	213	
1　時　間　半　以　上	(6)	130	1,744	85	2,301	921	569	345	224	

（5）　農業用用排水路

（6）　都

単位：集落

ＤＩＤまでの所要時間		合計	農業用用排水路のある農業集落数					農業用用排水路のない農業集落数	農地
			計	保全している			保全していない		
				小計	単独の農業集落	他の農業集落と共同			
全　　　　国	(1)	138,243	125,891	102,188	54,763	47,425	23,703	12,352	6,706
15　分　未　満	(2)	48,523	44,656	36,270	18,875	17,395	8,386	3,867	2,763
15　分　～　30　分	(3)	50,785	47,618	39,858	21,069	18,789	7,760	3,167	2,520
30　分　～　1　時間	(4)	32,367	28,533	22,378	12,687	9,691	6,155	3,834	1,169
1　時間～1　時間半	(5)	4,267	3,390	2,516	1,393	1,123	874	877	174
1　時　間　半　以　上	(6)	2,301	1,694	1,166	739	427	528	607	80

保全

(2) 森林

単位：集落　　　　　　　　　　　　　　　　　　　　　　単位：集落

農地のある農業集落数				農地のない農業集落数	合計	森林のある農業集落数			
保全している			保全していない			計	保全している		
小計	単独の農業集落	他の農業集落と共同					小計	単独の農業集落	
					(1)	(2)	(3)	(4)	
71,472	49,566	21,906	64,527	2,244	138,243	104,372	28,564	19,903	(1)
22,424	15,968	6,456	25,480	619	48,523	27,348	6,604	4,489	(2)
27,724	19,070	8,654	22,497	564	50,785	40,388	11,317	7,802	(3)
17,889	12,141	5,748	13,641	837	32,367	30,329	8,929	6,407	(4)
2,295	1,522	773	1,820	152	4,267	4,091	1,242	863	(5)
1,140	865	275	1,089	72	2,301	2,216	472	342	(6)

(4) 河川・水路

単位：集落　　　　　　　　　　　　　　　　　　　　　　単位：集落

保全していない	ため池・湖沼のない農業集落数	合計	河川・水路のある農業集落数					河川・水路のない農業集落数	
			計	保全している			保全していない		
				小計	単独の農業集落	他の農業集落と共同			
16,468	91,316	138,243	123,666	74,694	40,842	33,852	48,972	14,577	(1)
4,830	33,830	48,523	41,743	25,458	13,353	12,105	16,285	6,780	(2)
6,501	30,685	50,785	45,990	30,038	16,394	13,644	15,952	4,795	(3)
4,325	22,144	32,367	29,999	16,472	9,478	6,994	13,527	2,368	(4)
460	3,277	4,267	3,993	1,798	1,023	775	2,195	274	(5)
352	1,380	2,301	1,941	928	594	334	1,013	360	(6)

市住民、ＮＰＯ・学校・企業と連携して保全している農業集落数

単位：集落

都市住民と連携して保全				ＮＰＯ・学校・企業と連携して保全					
農業用用排水路	森林	河川・水路	ため池・湖沼	農地	農業用用排水路	森林	河川・水路	ため池・湖沼	
10,279	2,160	9,445	2,701	2,805	1,749	882	1,626	489	(1)
4,950	733	4,441	1,167	958	713	235	658	168	(2)
3,743	869	3,447	1,126	1,065	655	326	607	206	(3)
1,355	458	1,318	330	631	314	252	306	87	(4)
157	74	161	40	91	38	45	28	13	(5)
74	26	78	38	60	29	24	27	15	(6)

5 過去1年間に寄り合いの議題となった取組の活動状況

(1) 環境美化・自然環境の保全　　　　　　　　(2) 農業集落行事（祭り・の実施

単位：集落

ＤＩＤまでの所要時間		計	活動を行っている			活動が行われていない農業集落数	計	活動を行って	
			小計	単独の農業集落	他の農業集落と共同			小計	単独の農業集落
全　　　　　国	(1)	114,843	110,391	79,213	31,178	4,452	112,704	107,256	65,226
15 分 未 満	(2)	39,110	37,576	26,553	11,023	1,534	38,769	36,877	22,945
15 分 ～ 30 分	(3)	43,738	42,213	30,238	11,975	1,525	42,402	40,509	24,391
30 分 ～ 1 時 間	(4)	26,832	25,762	18,722	7,040	1,070	26,299	24,970	14,727
1 時間～1 時間半	(5)	3,359	3,183	2,347	836	176	3,413	3,240	2,030
1 時 間 半 以 上	(6)	1,804	1,657	1,353	304	147	1,821	1,660	1,133

(4) 定住を推進する取組（続き）　　　　　　(5) グリーン・ツーリズムの取組

単位：集落　　　　　　　　　　　　　　　　　　単位：集落

ＤＩＤまでの所要時間		活動を行っている（続き）		活動が行われていない農業集落数	計	活動を行っている			活動が行われていない農業集落数
		単独の農業集落	他の農業集落と共同			小計	単独の農業集落	他の農業集落と共同	
		(3)	(4)	(5)					
全　　　　　国	(1)	1,840	1,360	732	2,865	2,513	1,392	1,121	352
15 分 未 満	(2)	514	301	189	919	809	447	362	110
15 分 ～ 30 分	(3)	698	540	272	1,096	950	517	433	146
30 分 ～ 1 時 間	(4)	520	444	223	709	637	355	282	72
1 時間～1 時間半	(5)	67	53	38	91	79	47	32	12
1 時 間 半 以 上	(6)	41	22	10	50	38	26	12	12

(7) 再生可能エネルギーの取組（続き）　　(8) 都市住民、ＮＰＯ・学校・企業と連携して活動して

単位：集落

ＤＩＤまでの所要時間		活動が行われていない農業集落数	都市住民と連携して活動						
			環境美化・自然環境の保全	農業集落行事（祭り・イベントなど）の実施	農業集落内の福祉・厚生	定住を推進する取組	グリーン・ツーリズムの取組	6次産業化への取組	再生可能エネルギーの取組
		(5)							
全　　　　　国	(1)	1,558	12,820	12,522	5,815	628	662	194	332
15 分 未 満	(2)	517	6,034	5,840	2,875	166	196	65	148
15 分 ～ 30 分	(3)	580	4,409	4,202	1,978	234	249	62	111
30 分 ～ 1 時 間	(4)	396	2,004	2,114	817	203	177	56	56
1 時間～1 時間半	(5)	52	228	240	96	17	27	8	
1 時 間 半 以 上	(6)	13	145	126	49	8	13	3	

イベントなど）　　(3)　農業集落内の福祉・厚生　　(4)　定住を推進する取組

単位：集落

| いる | 活動が行われていない農業集落数 | 計 | 活動を行っている | | | 活動が行われていない農業集落数 | 計 | 活動を行っている | |
他の農業集落と共同			小計	単独の農業集落	他の農業集落と共同			小計	
							(1)	(2)	
42,030	5,448	74,774	68,369	48,711	19,658	6,405	3,932	3,200	(1)
13,932	1,892	25,377	23,168	16,832	6,336	2,209	1,004	815	(2)
16,118	1,893	28,891	26,450	18,716	7,734	2,441	1,510	1,238	(3)
10,243	1,329	17,263	15,794	10,932	4,862	1,469	1,187	964	(4)
1,210	173	2,141	1,981	1,420	561	160	158	120	(5)
527	161	1,102	976	811	165	126	73	63	(6)

(6)　6次産業化への取組　　(7)　再生可能エネルギーの取組

単位：集落

| 計 | 活動を行っている | | | 活動が行われていない農業集落数 | 計 | 活動を行っている | | |
	小計	単独の農業集落	他の農業集落と共同			小計	単独の農業集落	他の農業集落と共同
					(1)	(2)	(3)	(4)	
1,608	1,394	830	564	214	4,639	3,081	1,831	1,250	(1)
507	428	240	188	79	1,556	1,039	649	390	(2)
593	515	302	213	78	1,737	1,157	701	456	(3)
429	380	238	142	49	1,151	755	404	351	(4)
51	45	30	15	6	150	98	59	39	(5)
28	26	20	6	2	45	32	18	14	(6)

いる農業集落数

単位：集落

| ＮＰＯ・学校・企業と連携して活動 | | | | | | | |
環境美化・自然環境の保全	農業集落行事（祭り・イベントなど）の実施	農業集落内の福祉・厚生	定住を推進する取組	グリーン・ツーリズムの取組	6次産業化への取組	再生可能エネルギーの取組	
8,202	8,091	3,588	429	527	233	441	(1)
3,246	3,207	1,462	112	178	79	151	(2)
3,031	2,910	1,314	144	187	75	166	(3)
1,578	1,598	660	131	133	63	103	(4)
195	200	87	24	19	10	16	(5)
152	176	65	18	10	6	5	(6)

《　　付　　表　　》

《　　　太　　　廿　　　》

農林業経営体調査票

秘
農林水産省

統計法に基づく基幹統計
農林業構造統計

マスコットキャラクター「つっちー」

2020年農林業センサス
農林業経営体調査票
（2020年2月1日現在）

政府統計

統計法に基づく国の統計調査です。調査票情報の秘密の保護に万全を期します。

基本指標番号	都道府県	市区町村	旧市区町村	農業集落	調査区	客体番号
修正がある場合→						

○ 記入する前に、必ず「記入の仕方」をご覧ください。
○ この調査票は、統計の作成目的以外には使用せず、得られた個々の結果についても、外に漏らしたり課税などの資料に利用することはなく、秘密を厳守することが法律により定められていますので、ありのままをご記入ください。
○ 黒色の鉛筆またはシャープペンシルで記入し、間違えた場合は、消しゴムできれいに消してください。

★ 数字は、1マスに1つずつ、枠からはみ出さないように右づめで記入してください。

記入例　9 8 7 6 5 4 0
　　つなげる　　すきまをあける

★ マスが足りない場合は、一番左のマスにまとめて記入してください。　記入例　1 1 2 3

○ 調査票の記入及び提出は、オンラインでも可能です。

★ マークを記入する欄は、下の記入例のように濃くぬりつぶしてください。

記入例　○ → ●

悪い例　○ → V ・

記入していただく調査項目について

○ この調査票は　□　農業経営（□ の枠内の □ 色の項目と、□ 色の項目）
　　　　　　　　　□　林業経営（□ の枠内の □ 色の項目と、□ の枠内の □ 色の項目）
について記入してください

なお、林業経営を行っている方が □ 枠について記入していただく場合には、設問の「農業（農産物、農作業）」を「林業（林産物、林業作業）」に読み替えて記入します。

【1】経営体の概要（すべての方が記入する項目です。）

1　経営形態
経営は会社などの法人化をしていますか。
該当するもの1つに必ず記入してください。

		101
法　人　で　な　い		○

→ □ 個人経営の方は、2ページの1 個人経営内部の労働力へ
　 □ 団体経営の方は、4ページの2 団体経営内部の労働力へ

法人である		農事組合法人	○
	会社	株式会社	○
		合名・合資会社	○
		合同会社	○
		相互会社	○
	各種団体	農協	○
		森林組合	○
		その他の各種団体	○
	その他の法人		○
地方公共団体・財産区			○

法人の方のみ記入してください。

法人番号（13桁）を記入してください。

102													

法人番号を活用した統計の精度向上及び効率化の取組に使用させていただきます。
個人のマイナンバー（12桁）を誤って記入しないようにご注意ください。

→ 4ページの2 団体経営内部の労働力へ

特例有限会社は株式会社に該当します。

【２】農業経営の労働力

２、３ページは、個人経営の方のみ記入してください。

法人化されている方は、４ページに記入してください。

１　個人経営内部の労働力

林業経営について記入していただく場合、設問の「農業」を「林業」に読み替えて記入します。

（1）世帯員の人数を記入してください。

		男（人）	女（人）
世帯員の数	202	88	203 88
そのうち、満14歳以下の世帯員の数（平成17年2月1日以降に生まれた方）	205	88	206 88

続柄番号

01:世帯主　　　　　　07:兄弟姉妹
02:世帯主の配偶者　　08:祖父母
03:子　　　　　　　　09:孫
04:子の配偶者　　　　10:孫の配偶者
05:世帯主の父母　　　11:その他
06:世帯主の配偶者の父母

（2）満15歳以上の世帯員（平成17年1月31日以前に生まれた方）について記入してください。

過去1年間でいずれかの決定に参画した方に記入してください。
○生産品目や飼養する畜種の選定・規模の決定
○出荷先の決定
○資金調達
○機械・施設などへの投資
○農地借入・農作業受託の決定
○雇用の決定・管理

	① 世帯主との続柄（続柄番号を記入）	② 性別		③ 出生の年月（元号 大正/昭和/平成）（出生の年月 年/月）					④ 方針決定に経営主とともに農業経営の方針決定に関わっている（該当する方すべてに）	⑤ 過去1年間のふだんの状況（仕事を主にしていた：主に自営農業を行った／主に自営農業以外の自営業を行った／主に学生（研修を含む）であった／主に家事・育児・その他であった／主に農業以外に勤務した）（必ず1つに）					⑥ 過去1年間で自営農業に従事した日数（管理労働を含む）※「自営農業」には、世帯として請け負った（受託した）農作業を含みます。（従事しなかった／1~29日／30~59日／60~99日／100~149日／150~199日／200~249日／250日以上）（必ず1つに）							
経営主	88	8	8	0	0	0	88	88		0	0	0	0	0	0	0	0	0	0	0	0	0
世帯員1	88	0	0	0	0	0	88	88	0	0	0	0	0	0	0	0	0	0	0	0	0	0
世帯員2	88	0	0	0	0	0	88	88	0	0	0	0	0	0	0	0	0	0	0	0	0	0
世帯員3	88	0	0	0	0	0	88	88	0	0	0	0	0	0	0	0	0	0	0	0	0	0
世帯員4	88	0	0	0	0	0	88	88	0	0	0	0	0	0	0	0	0	0	0	0	0	0
世帯員5	88	0	0	0	0	0	88	88	0	0	0	0	0	0	0	0	0	0	0	0	0	0
世帯員6	88	0	0	0	0	0	88	88	0	0	0	0	0	0	0	0	0	0	0	0	0	0
世帯員7	88	0	0	0	0	0	88	88	0	0	0	0	0	0	0	0	0	0	0	0	0	0

⑥及び⑦欄について、
従事した日数には、経理事務などの管理労働も含みます。
従事した日数には、手伝いなどで従事した場合も含みます。
従事した日数は、1日を8時間 として計算してください。
（例）　1日4時間ずつ　→　2日で1日分
　　　　毎日1時間ずつ　→　8日で1日分

⑦欄について、
　農業生産関連事業とは、自ら経営していて、①自家で生産した農産物を使用、②所有または借り入れている耕地もしくは農業施設を利用している、のいずれかに該当する事業を行う場合をいいます。
　例えば、農産物の加工、小売業、観光農園、貸農園・体験農園、農家民宿、農家レストラン及び海外への輸出などが該当します。

⑦							⑧	
過去1年間で農業生産関連事業に従事した日数（管理労働を含む）							過去1年間に	
							新たに親の農業経営を継承	を新たに開始親の農業経営とは別部門
従事しなかった	1〜29日	30〜59日	60〜99日	100〜149日	150〜199日	200〜249日	250日以上	
必ず1つに							該当する方	
0	0	0	0	0	0	0	0	0	0
0	0	0	0	0	0	0	0	0	0
0	0	0	0	0	0	0	0	0	0
0	0	0	0	0	0	0	0	0	0
0	0	0	0	0	0	0	0	0	0
0	0	0	0	0	0	0	0	0	0
0	0	0	0	0	0	0	0	0	0
0	0	0	0	0	0	0	0	0	0

（3）世帯としての所得
　世帯としての所得は、自営農業と自営農業以外の仕事でどちらが多いですか。
　該当するものに必ず記入してください。

自営農業による所得が多い	208	0
自営農業以外の所得が多い（不動産による所得は含み、年金は含まない）		0

（4）地域の集落営農組織の構成農家
　地域の集落営農組織に参加していますか。
　該当するものに必ず記入してください。

参加していない	209	0
参加している	210	0
そのうち、オペレータとして従事	211	0

→ 次ページの
3　後継者へ

⑤及び⑧欄について、
　過去1年間のふだんの状況（⑤）欄の「主に自営農業を行った」に記入された方のみ、⑧欄の過去1年間に「新たに親の農業経営を継承」または「親の農業経営とは別部門を新たに開始」に該当すれば記入してください。
　なお、「新たに親の農業経営を継承」とは、過去1年間に親の農業経営を継承して経営の責任者になった方をいいます。
　「親の農業経営とは別部門を新たに開始」とは、過去1年間に新たに親とは別部門での農業経営を開始し、その部門の経営の責任者となった方をいいます。

団体経営の方（経営を法人化している農家・林家を含む）のみ記入してください。

2　団体経営内部の労働力

林業経営について記入していただく場合、設問の「農業」を「林業」に読み替えて記入します。

(1) 経営主と、役員（代理を委任された者を含む）・構成員のうち過去1年間に農業と農業生産関連事業への従事日数があわせて60日以上の方について、記入してください。

　(1)、(2)に記入するのは、経営主のほか、役員・構成員のうち、過去1年間に**農業**（管理労働を含む。）または農業生産関連事業に従事した者のみです。役員会に出席するだけの者は、記入する必要はありません。
　また、常雇い、臨時雇いの労働力は含みません。

　従事した日数は、1日を8時間 として計算してください。
（例）　1日4時間ずつ　→ 2日で1日分
　　　　毎日1時間ずつ　→ 8日で1日分

	① 性別 いずれかに		② 出生の年月 該当する元号と出生の年月を記入してください。					③ 過去1年間で農業に従事した日数（管理労働を含む）						④ 過去1年間で農業生産関連事業に従事した日数（管理労働を含む）						⑤ 過去1年間の主な状況	
	男	女	元号 大正	昭和	平成	年	月	60日未満	60～99日	100～149日	150～199日	200～249日	250日以上	60日未満	60～99日	100～149日	150～199日	200～249日	250日以上	主に農業に従事	主に農業以外の事業に従事
								必ず1つに						必ず1つに						必ず1つに	
経営主	○	○	○	○	○			○	○	○	○	○	○	○	○	○	○	○	○	○	○
1	○	○	○	○	○			○	○	○	○	○	○	○	○	○	○	○	○	○	○
2	○	○	○	○	○			○	○	○	○	○	○	○	○	○	○	○	○	○	○
3	○	○	○	○	○			○	○	○	○	○	○	○	○	○	○	○	○	○	○
4	○	○	○	○	○			○	○	○	○	○	○	○	○	○	○	○	○	○	○
5	○	○	○	○	○			○	○	○	○	○	○	○	○	○	○	○	○	○	○
6	○	○	○	○	○			○	○	○	○	○	○	○	○	○	○	○	○	○	○
7	○	○	○	○	○			○	○	○	○	○	○	○	○	○	○	○	○	○	○

(2) (1)に記入した方以外で、過去1年間に農業と農業生産関連事業への従事日数があわせて60日未満の方について、実人数を記入してください。

男　（人）	女　（人）
222	223

　農業生産関連事業とは、自ら経営していて、①自家で生産した農産物を使用、②所有または借り入れている耕地もしくは農業施設を利用している、のいずれかに該当する事業を行う場合をいいます。
　例えば、農産物の加工、小売業、観光農園、貸農園・体験農園、農家民宿、農家レストラン及び海外への輸出などが該当します。

林業経営について記入していただく場合、設問の「農業」を「林業」に読み替えて記入します。

3　後継者

　5年以内に農業経営を引き継ぐ後継者（予定者を含む。）を確保していますか。
　該当するもの1つに**必ず**記入してください。

確保している	親　　族	○
	親族以外の経営内部の人材	○
	経営外部の人材　　231	○
経営を開始または継承直後のため、5年以内に農業を引き継がない		○
確保していない		○

林業経営について記入していただく場合、設問の「農業」を「林業」に読み替えて記入します。

常雇い、臨時雇いには、1(2)の個人経営の世帯員及び2(1)・(2)の団体経営の経営主・役員などは含めないでください。
常雇いについては、常雇いしている方全員を記入していただくため、5人以上の常雇いがいた場合は、補助票に記入してください。
従事日数には、管理労働を含みます。
常雇いの従事日数の合計には、補助票に記入していただいた分を含め、常雇いしている方全員の従事日数の合計を記入してください。

4 常雇い

過去1年間に農業経営または農業生産関連事業のために常雇いした人（あらかじめ7か月以上の契約で雇った人）について、記入してください。また、男女別に従事した日数の合計を記入してください。

	① 性別 いずれかに		② 出生の年月 該当する元号と出生の年月を記入してください。				
	男	女	元号 大正	昭和	平成	出生の年月 年	月
1	○	○	○	○	○		
2	○	○	○	○	○		
3	○	○	○	○	○		
4	○	○	○	○	○		

	農業 従事日数の合計 （人日）		農業生産関連事業 従事日数の合計 （人日）	
男	242		245	
女	243		246	

5 臨時雇い

過去1年間に日雇・季節雇などで、農業経営または農業生産関連事業のために臨時雇いした人（手伝いなどを含みます。）について、実人数と男女別に従事した日数の合計を記入してください。

	農業 実人数 （人）		農業生産関連事業 実人数 （人）	
男	252		258	
女	253		259	

	農業 従事日数の合計 （人日）		農業生産関連事業 従事日数の合計 （人日）	
男	255		261	
女	256		262	

過去1年間に農業経営または農業生産関連事業のために1か月以上の契約で雇った人について、実人数を記入してください。

	農業 実人数 （人）		農業生産関連事業 実人数 （人）	
男	264		267	
女	265		268	

【3】土地

土地の状況を記入してください。（土地登記簿上の地目や面積ではなく、現状の地目や面積を記入してください。また、居住地以外の他の市区町村にある土地を含みます。）

田・畑・樹園地

	田 (ha) (a) (町)(反)(畝)	畑 (ha) (a) (町)(反)(畝)	樹園地 (ha) (a) (町)(反)(畝)
経営している	301	311	321
そのうち、所有している	302	312	322
そのうち、借りている	303	313	323
貸している	304	314	324

経営している畑のうち、牧草専用地	326	

> 実質的に経営を任せている場合は「貸している」に記入してください。
> 原野化し、現状が耕地でないものは除きます。

> ハウス・ガラス室とは、その中で普通の姿勢で作業できるものをいいます。
> 水稲の育苗だけ、きのこの栽培だけに利用したものは除きます。

耕地以外（山林・原野など）

山林・原野などの耕地以外の土地で過去1年間に採草地や放牧地として利用した土地面積を記入してください。

	(ha) (a) (町)(反)(畝)	
耕地以外で利用した土地面積	341	

ハウス・ガラス室等

過去1年間に施設園芸に利用したハウス・ガラス室及び加温温室の実面積を記入してください。

	実面積 (a) (畝) (㎡)		
ハウス・ガラス室	351		
そのうち、加温温室	352		

【４】農業生産　始めから販売を目的とせず、自給用に作付け（栽培）した面積は含めないでください。

1 過去1年間に販売を目的として作付け（栽培）した**延べ面積**を記入してください。

未成熟の豆類（「えだまめ」、「さやいんげん」、「さやえんどう」、「グリンピース」など）はここに含めず、「その他の野菜」に記入してください。
「その他の工芸農作物」には、たばこ、いぐさ、ホップ、ごま、ラベンダー、薬用作物などの合計を記入してください。

	品目	コード	(ha)(町) (反) (a)(畝)
稲・麦・雑穀	水　稲（食用）	403	
	陸　稲（食用）	404	
	稲（飼料用）	405	
	小　麦	407	
	そのうち、田で作付	408	
	二条大麦	409	
	六条大麦	410	
	裸　麦	411	
	そ　ば	413	
	その他の雑穀（あわ、きび、ひえ等）	414	

	品目	コード	(ha)(町) (反) (a)(畝)
いも類	原料用ばれいしょ（でんぷん用）	416	
	食用ばれいしょ（加工用を含む）	417	
	原料用かんしょ（でんぷん用）	418	
	食用かんしょ（加工用を含む）	419	
豆類	大　豆	421	
	そのうち、田で作付	422	
	小　豆	423	
	その他の豆類	424	
工芸農作物	さとうきび	426	
	な　た　ね	427	
	茶	428	
	てんさい（ビート）	429	
	こんにゃくいも	430	
	その他の工芸農作物	431	

稲・麦・雑穀、いも類、豆類、工芸農作物の面積がある方のみ記入してください。

2 水稲（食用）、小麦、大豆以外の上記品目（稲・麦・雑穀、いも類、豆類、工芸農作物）について、販売を目的として田で作付けた面積を記入してください。

	(ha)(町) (反) (a)(畝)
432	

田で作付けた面積のみを記入し、畑で作付けた面積は記入しないでください。

3 過去1年間に販売を目的として作付け（栽培）した野菜・果樹類の品目コード及び**延べ面積**を露地作、施設作ごとに記入してください。

野菜・果樹

品目コード

根菜類	101：だいこん 102：にんじん 103：さといも 104：やまのいも 　　　（ながいもなど）
葉茎菜類	111：はくさい 112：キャベツ 113：ほうれんそう 114：レタス 115：ねぎ 116：たまねぎ 117：ブロッコリー
果菜類	121：きゅうり 122：なす 123：トマト 124：ピーマン
果実的野菜	131：いちご 132：メロン 133：すいか
	191：その他の野菜

果樹類	201：温州みかん 202：その他のかんきつ 203：りんご 204：ぶどう 205：日本なし 206：西洋なし 207：もも 208：おうとう 209：びわ 210：かき 211：くり 212：うめ 213：すもも 214：キウイフルーツ 215：パインアップル 216：その他の果樹

「その他の野菜」には、「もやし」、「えだまめ」、「スイートコーン」、「ごぼう」、「にら」、「かぼちゃ」、「アスパラガス」など該当しなかった野菜の合計を記入してください。
果樹類の面積には、未成園を含みます。

品目コード	露地作延べ面積 (ha)(町) (反) (a)(畝)	施設作延べ面積 (a)(畝) (㎡)
①		
②		
③		
④		
⑤		
⑥		
⑦		
⑧		
⑨		
⑩		
⑪		
⑫		

－ 6 －

4 過去1年間に販売を目的として作付け（栽培）した花き・花木及びその他作物の延べ面積を露地作、施設作ごとに記入してください。

花き・花木

花き苗、花木苗を含みます。

		露地作延べ面積 (ha) (a) (町)(反)(畝)	施設作延べ面積 (a) (畝) (m²)
花 き	463		464
花 木	465		466

花きの露地、施設面積がある方のみ記入してください。

切 り 花 類	467	0
球 根 類	468	0
鉢 も の 類	469	0
花壇用苗もの類	470	0

その他の作物

		露地作延べ面積 (ha) (a) (町)(反)(畝)	施設作延べ面積 (a) (畝) (m²)
その他の作物	472		473

販売を目的として栽培した水稲苗、野菜苗、果樹苗、造林用の苗木、芝、稲以外の飼料用作物、青刈作物など、どの欄にも該当しなかった作物の合計を記入してください。

家 畜

共同放牧をしたり、外部に預託している家畜を含めます。
会社などから飼養を委託されて飼養管理しているもの（家畜・飼料などは委託側から提供され、飼養管理労働のみに従事した場合）は除きます。

5 現在、飼っている牛の頭数を目的別に記入してください。

				（万）（千）（百）（十）（頭）
	総 数	475		
搾乳目的	2歳（24か月齢）以上	477		
	2歳（24か月齢）未満	478		
販売目的	和牛などの肉用種	子取り用めす牛	480	
		肥育中の牛（肉用として販売）	481	
		売る予定の子牛など（種おすを含む）	482	
	和牛と乳用種の交雑種	肥育中の牛（肉用として販売）	484	
		売る予定の子牛（肥育用もと牛として販売）	485	
	肉用として飼っている乳用種	肥育中の牛（肉用として販売）	487	
		売る予定の子牛（肥育用もと牛として販売）	488	

搾乳する予定のない子牛は、「売る予定の子牛（など）（482、485、488）」に種類ごとに記入してください。

6 現在、販売する予定で飼っている豚の頭数を記入してください。

		（万）（千）（百）（十）（頭）
子取り用めす豚	490	
肥育中の豚	491	

7 現在、卵の販売を目的として飼っている採卵鶏の羽数を記入してください（ひなどりを含みます。）。

		（万）（千）（百）（十）（羽）
採卵鶏	492	

8 過去1年間に出荷したブロイラーの羽数を記入してください。

		（万）（千）（百）（十）（羽）
ブロイラー	493	

その他

9 【4】の1から8以外で、販売を目的として、きのこの栽培やその他の農業経営を行っていますか。該当するものに**必ず**記入してください。

行っていない	495	0
行っている	きのこの栽培	496	0
	その他の農業経営	497	0

その他の農業経営には、馬、羊、やぎなどの飼養、養蜂、養蚕などを含みます。

【5】過去1年間の農産物の販売

林業経営について記入していただく場合、設問の「農産物」を「林産物」に読み替えて記入します。

1　過去1年間の農産物の販売金額（売上高）について、該当するもの1つに**必ず**記入してください。

販売金額には、売上金額を記入してください（肥料代、農薬代などの経費を引かない。）。

	501
販　売　な　し	◯

農産物の販売あり	50　万　円　未　満	◯
	50　〜　100　万円未満	◯
	100　〜　300　万円未満	◯
	300　〜　500　万円未満	◯
	500　〜　1,000　万円未満	◯
	1,000　〜　3,000　万円未満	◯
	3,000　〜　5,000　万円未満	◯
	5,000万　〜　1　億円未満	◯
	1　億　円　以　上	◯

「1億円以上」の場合は、1千万円単位で金額を記入してください。

	億　千万円
502	

【農産物の販売金額には次のものを含めます】
○　畜産物、栽培きのこ、養蜂、まゆ、耕地で栽培した林業用の苗木などを含めます。
○　自ら営む農家レストランや農産物加工品の製造に仕向けた農産物の見積金額
○　観光農園を営んでいる場合の入園料（入場料）（入園料金で農産物を一定量収穫させる場合）
○　貯蔵しておいた農産物を過去1年の間に販売した金額
○　売買契約済みであるが、代金を受け取っていない分の見積金額

　林産物の販売金額には栽培きのこ、林業用苗木の販売額は含みません。

農産物の販売がある方のみ記入してください。

2　過去1年間の販売金額が上位3位までの該当順位に部門コードを記入し、合計に占める割合をそれぞれ記入してください。

部門コード
01：水稲・陸稲
02：麦類
03：雑穀・いも類・豆類
04：工芸農作物
05：露地野菜
06：施設野菜
07：果樹類
08：花き・花木
09：その他の作物
10：酪農
11：肉用牛
12：養豚
13：養鶏
14：養蚕
15：その他の畜産

		部門コード	割
1位	503		
2位	505		
3位	507		

経営部門が4部門以上である場合は、割合の合計が10に満たないこともあります。
きのこの栽培は「その他の作物」に、地鶏や養蜂は「その他の畜産」に含めます。

3　過去1年間に農産物を販売した**すべての**出荷先を記入し、そのうち、売上1位の出荷先を記入してください。

			出荷先		519
該当するすべてに		農　協　へ	509	◯	◯
		農協以外の集出荷団体へ	510	◯	
		卸　売　市　場　へ	511	◯	うち売上1位の出荷先（1つに）◯
		小　売　業　者　へ	512	◯	
		食品製造業・外食産業へ	513	◯	
	消費者に直接販売	自営の農産物直売所で	514	◯	
		その他の農産物直売所で	515	◯	
		インターネットで	516	◯	
		他の方法で（無人販売など）	517	◯	
		そ　の　他　へ	518	◯	◯

「消費者に直接販売」には自ら生産した農産物またはそれを使用した加工品を消費者に販売しているものが該当します。
「その他の農産物直売所」には、共同で運営している直売所または他の人が運営している直売所が該当します。

「過去1年間の林産物の販売」関連

林産物の販売がある方のみ記入してください。

4　過去1年間に林産物の販売金額の合計に占める割合をそれぞれ記入してください。

合計に占める割合			割
用材	立木で販売	931	
	素材で販売	932	
ほだ木用原木を販売		933	
特用林産物を販売		934	

【6】過去1年間の農作業の受託（請負）

林業経営について記入していただく場合、設問の「農作業」を「林業作業」に読み替えて記入します。

受託料金収入には、農作業とともに、実質的に「経営自体」を引き受けている場合は含めないでください。
その場合は、5ページ【3】土地の借りている土地の面積に記入してください。

1　過去1年間の農作業の受託（請負）による料金収入について、該当するもの1つに**必ず**記入してください。

		601
受 託 料 金 収 入 な し		○

			601
農作業の受託料金収入あり	50 万 円 未 満		○
	50 ～ 100 万 円 未 満		○
	100 ～ 300 万 円 未 満		○
	300 ～ 500 万 円 未 満		○
	500 ～ 1,000 万 円 未 満		○
	1,000 ～ 3,000 万 円 未 満		○
	3,000 ～ 5,000 万 円 未 満		○
	5,000万 ～ 1 億 円 未 満		○
	1 億 円 以 上		○

「1億円以上」の場合は、1千万円単位で金額を記入してください。

	億 千万円
602	

農作業の受託料金収入がある方のみ記入してください。

2　水稲作作業で、過去1年間によそから受託した（請け負った）作業の**実面積**を記入してください。

			実面積 (ha)(町) (反) (a)(畝)		
作業ごとに受託	育　苗	603			
	耕起・代かき	604			
	田　植	605			
	防　除	606			
	稲刈り・脱穀	607			
	乾燥・調製	608			
すべての水稲作作業を一括して受託		609			

3　さとうきび作作業で、過去1年間によそから受託した（請け負った）作業の**実面積**を記入してください。

			実面積 (ha)(町) (反) (a)(畝)		
作業ごとに受託	耕起・整地	610			
	植付け	611			
	中耕・培土	612			
	防　除	613			
	収　穫	614			
すべてのさとうきび作作業を一括して受託		615			

4　水稲、さとうきび以外で、過去1年間によそから受託した（請け負った）農作業すべてに記入してください。

該当するすべてに	麦　　作	616	○
	大 豆 作	617	○
	野 菜 作	618	○
	果 樹 作	619	○
	飼料用作物作	620	○
	工芸農作物作（さとうきび作を除く。）	621	○
	その他の作物作	622	○
	畜　　産	623	○
	酪農ヘルパー	624	○

「過去1年間の林業作業の受託（請負）」関連

林業作業の受託料金収入がある方のみ記入してください。

5　過去1年間に林業作業の受託料金収入の合計に占める割合をそれぞれ記入してください。

合計に占める割合		割
造林・保育の受託	941	
素材生産の受託	942	
素材生産（立木買い）	943	

6　過去1年間によそから受託した（請け負った）林業作業の**実面積**を記入してください。

			実 面 積 (ha)(町) (反) a(畝)		
植　林		951			
下刈りなど		952			
間伐	切捨間伐	954			
	利用間伐	955			
主伐	受　託	957			
	立木買い	958			

他に再委託している面積は含みません。

【7】農業経営の特徴的な取組

1 農業経営について青色申告を行っていますか。該当するもの1つに必ず記入してください。

		701
行っていない		0
行っている	正規の簿記	0
	簡易簿記	0
	現金主義	0

2 青色申告を行っていると答えた方について、青色申告を何年間継続して行っていますか。該当するもの1つに必ず記入してください。

	1年	2年	3年	4年	5年以上
702	0	0	0	0	0

> 「正規の簿記」とは損益計算書と貸借対照表が導き出せる組織的な簿記の方式 （一般的には複式簿記をいいます（青色申告特別控除額：最高65万円））。
> 「簡易簿記」とは「正規の簿記」以外の簡易な帳簿による記帳（青色申告特別控除額：最高10万円）をいいます。
> 「現金主義」とは現金主義による所得計算の特例を受けているものをいいます（青色申告特別控除額：最高10万円）。
> 経営を法人化し青色申告を行っている場合は「正規の簿記」に記入してください。

3 有機農業に取り組んでいますか。取り組んでいる場合は、取り組んでいる面積を品目別に記入してください。

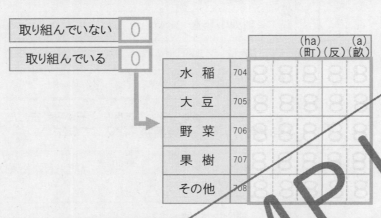

取り組んでいない	0
取り組んでいる	0

		(ha) (a) (町)(反)(畝)		
水 稲	704			
大 豆	705			
野 菜	706			
果 樹	707			
その他	708			

> 有機農業とは、化学肥料及び農薬を使用せず、遺伝子組換え技術も利用しない農業のことで、減化学肥料・減農薬栽培は含みません。
> なお、自然農法に取り組んでいる場合や有機JASの認証を受けていない方でも、化学肥料及び農薬を使用せず、遺伝子組換え技術も利用しないで農業に取り組んでいる場合、有機農業に該当します。
> なお、販売を目的とせず自給用のみに作付けた（栽培した）場合は、含めません。

4 効率的かつ効果的な農業経営を行うためにデータ（財務、市況、生産履歴、生育状況、気象状況、栽培管理などの情報）を活用していますか。その際、どのようにデータを活用していますか。該当するもの1つに必ず記入してください。

	709
データを取得して活用	0
データを取得・記録して活用	0
データを取得・分析して活用	0
データを活用した農業を行っていない	0

> 「データを取得して活用」とは、<u>スマートフォン、パソコンなどを用いて気象、市況などのデータを取得</u>し、農業の経営に活用することをいいます。
> 「データを取得・記録して活用」とは、<u>スマートフォン、パソコンなどを用いて生産履歴などのデータを取得・記録（記録のみの場合を含む。）</u>し、農業の経営に活用することをいいます。
> 「データを取得・分析して活用」とは、「データを取得して活用」や「データを取得・記録して活用」で把握したデータに加え、<u>センサー、ドローンなどを用いてほ場環境</u>や<u>生育状況</u>などのデータを取得し、専用のアプリなどで分析して農業の経営に活用することをいいます。

【8】農業生産関連事業

過去1年間の農業生産に関連した売上金額の合計について、該当するもの1つに必ず記入し、売上金額がある方は、合計に占める割合をそれぞれ記入してください。

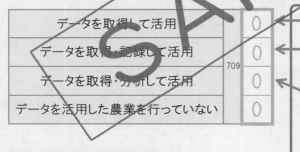

	801
売 上 な し	0
100 万 円 未 満	0
100 ～ 500万円未満	0
500 ～ 1,000万円未満	0
1,000 ～ 5,000万円未満	0
5,000万 ～ 1 億 円 未 満	0
1 ～ 10 億 円 未 満	0
10 億 円 以 上	0

合計に占める割合		割
農産物の加工	802	
小 売 業	803	
観 光 農 園	804	
貸農園・体験農園など	805	
農 家 民 宿	806	
農家レストラン	807	
海外への輸出	808	
再生可能エネルギー発電	809	
そ の 他	810	

【9】山林及び林業作業

1　山林について、面積を記入してください。

		(ha)		(a)
		(町)	(反)	(畝)
所有している山林	902	8888	88	88
そのうち、貸している山林	903	8888	88	88
借りている山林	904	8888	88	88
保有山林 (902-903+904)	901	8888	88	88

> 「貸している山林」には、自分の土地を他人に分収させている山林のほか、他人が地上権の設定をした山林を含めます。
> 「借りている山林」には、他人の土地に分収している山林のほか、他人の土地に地上権を設定した山林を含めます。

2　保有山林のうち、期間を定めて一連の作業（管理を含む。）を一括して<u>他に任せている</u>山林面積を記入してください。

任せている山林面積	(ha)(町)	(反)	(a)(畝)
905	8888	88	88

> 林業経営を委託している面積のことで、地上権を設定している山林や作業ごとに委託（請け負わせ）している山林面積は含みません。

3　保有山林以外で、期間を定めて一連の作業（管理を含む。）を一括して<u>他から任されている</u>山林面積を記入してください。

任されている山林面積	(ha)(町)	(反)	(a)(畝)
906	8888	88	88

> 林業経営を受託している面積のことで、地上権の設定をした山林や作業ごとに受託（請負）している山林面積は含みません。

4　保有山林における<u>過去5年間の林業作業</u>について、該当するものすべてに記入してください（委託した（請け負わせた）作業を含みます。）。

該当するすべてに	植　林	907	〇
	下刈りなど	908	〇
間伐	切捨間伐	909	〇
	利用間伐	910	〇
	主　伐	911	〇

> 「下刈りなど」には、枝打ち、つる切り、除伐、倒木起こしなどを含みます。

5　保有山林における<u>過去1年間の実作業面積</u>について記入してください（委託した（請け負わせた）作業を含みます。）。

		(ha)		(a)
		(町)	(反)	(畝)
植　林	912	8888	88	88
下刈りなど	913	8888	88	88
間伐	切捨間伐	914	8888	88	88
伐	利用間伐	915	8888	88	88
主　伐	916	8888	88	88

> 実作業面積のため、1haの山林に対して、下刈りを2度行った場合でも1haと記入してください。

【10】素材生産

> 素材生産には間伐のうち素材として利用したものも含みます。

1　保有山林において、自ら伐採した過去1年間の素材生産量を記入してください。

		(m³)
素材生産量	922	8888

2　受託（請負）もしくは立木買いによる過去1年間の素材生産量を記入してください。

		(m³)
素材生産量	923	8888
そのうち、立木買いによる	924	8888

【11】林業従事

過去1年間に常雇いまたは臨時雇いした人のうち、150日以上林業労働に従事した人について、実人数を記入してください。

		実人数（人）
150日以上従事した人	925	888

> 5ページの4常雇いと5臨時雇いに記入のある方は上記に該当する方がいるか確認してください。

【12】都道府県設定項目

1 〇〇〇〇〇		991	8888
2 〇〇〇〇〇		992	8888
3 〇〇〇〇〇		993	8888
4 〇〇〇〇〇		994	8888
5 〇〇〇〇〇		995	8888

農山村地域調査票

← ← ← 入力方向 ☐☐☐

秘 農林水産省	統計法に基づく基幹統計 農林業構造統計

政府統計
統計法に基づく国の統計調査です。調査票情報の秘密の保護に万全を期します。

2020年農林業センサス
農山村地域調査票
（農業集落用）
2020年2月1日現在

都道府県	
市区町村	
旧市区町村	
農業集落	

コード									

【1】寄り合いの開催と地域活動の実施状況

　この地域では、過去1年間に「寄り合い（集会、常会、会合など）」が開催されましたか。寄り合いの回数について、いずれかにマークを付けてください。

　寄り合いがある場合は、寄り合いの議題について、該当するものすべてにマークを付け、議題となったそれぞれの取組について、具体的な活動状況に該当するいずれかにマークを付けてください。

前回結果

<記入の仕方>
　マークは、右の記入例のように濃くぬりつぶしてください。

記入例 ①　➡　●

			前回結果
寄り合いがない		①	
寄り合いがある	年に1～2回	②	
	四半期に1回程度（年に3～5回）	③	
	2か月に1～2回程度（年に6～11回）	④	
	月に1～2回程度（年に12～23回）	⑤	
	月に2回以上（年に24回以上）	⑥	

（いずれかにマークを付けてください）

「寄り合い」は、次の2つの合計回数とします。
①集落全体についての寄り合い
　ごみ・資源の回収、防災訓練、祭りや運動会の開催、道路の清掃や補修、集会所の改築など
②農業生産についての寄り合い
　防除や草刈り等の共同作業、農業機械や出荷施設の整備、農道・水路の管理など
集落内で地区ごとに分かれて寄り合いを行った場合は、平均的な回数を選択してください。

寄り合いの議題は何ですか？

活動が行われている場合

	前回結果	（地域の取組として）活動が行われている		活動が行われていない	都市住民との交流を行っている	NPO・学校・企業との連携を行っている
		単独の農業集落で活動	他の農業集落と共同で活動			
		（いずれかにマークを付けてください）			（該当するものにマーク）	
農業生産にかかる事項	①					
農道・農業用用排水路・ため池の管理	①					
集落共有財産・共用施設の管理	①					
環境美化・自然環境の保全	①	①	②	③	①	①
農業集落行事（祭り・イベントなど）の実施	①	①	②	③	①	①
農業集落内の福祉・厚生	①	①	②	③	①	①
定住を推進する取組	①	①	②	③	①	①
グリーン・ツーリズムの取組	①	①	②	③	①	①
6次産業化への取組	①	①	②	③	①	①
再生可能エネルギーへの取組	①	①	②	③	①	①
その他	①					

（該当するものすべてにマークを付けてください）

具体的な活動の状況

裏面につづきます

【2】地域資源の保全

この地域には、以下の地域資源がありますか。また、地域資源がある場合、その地域資源を地域住民が主体となって保全していますか。いずれかにマークを付けてください。

	地域資源がある		保全していない	地域資源がない	前回結果	都市住民と連携している	NPO・学校・企業と連携している
	保全している（地域の取組として）						
	単独の農業集落で保全	他の農業集落と共同で保全					
	（いずれかにマークを付けてください）					（該当するものにマーク）	
農　　　　地	①	②	③	④		①	①
農業用用排水路	①	②	③	④		①	①
森　　　　林	①	②	③	④		①	①
河 川 ・ 水 路	①	②	③	④		①	①
ため池・湖沼	①	②	③	④		①	①

保全している上部に「保全している場合」の矢印

保全している…その地域資源の保全、維持、向上を図るため、地域住民が主体となって取組む行為とします。
　　　　自己の農林業生産活動のために維持管理を行っている場合は除きます。

農地… 田、畑、樹園地、牧草地など
農業用用排水路… 地域の農地周辺にある、農業用の用水路と排水路
森林… 人工林や自然林、里山など
河川・水路… 1級・2級河川、小川、運河など
ため池・湖沼… かんがい用水のための池、ダム湖、天然の湖沼など

【3】実行組合の有無

この地域には、地域内の農業生産に関する連絡・調整、活動などの総合的な役割を担っている組織（実行組合）がありますか。いずれかにマークを付けてください。

（いずれかにマークを付けてください）		前回結果
実 行 組 合 が あ る	①	
実 行 組 合 が な い	②	

実行組合とは、農業生産における最も基礎的な農家組織です。地域によって様々な名称があります。
　〇〇集落生産組合、■■集落農事実行組合、△△集落農家組合、★★農協〇〇支部　など

収穫や集出荷等の一部の作業だけを受け持つ団体は含めません。

調査へのご協力ありがとうございました。

2020年農林業センサス　第8巻
農業集落類型別統計報告書

令和4年12月発行　　定価は表紙に表示してあります。

編　集 ■　農林水産省大臣官房統計部

　　　　　　〒100-8950　東 京 都 千 代 田 区 霞 が 関 1 - 2 - 1

発　行 ■　一般財団法人　農林統計協会

　　　　　　〒141-0031　東京都品川区西五反田7-22-17　TOCビル11階34号
　　　　　　TEL　03-3492-2987　振替　00190-5-70255

ISBN978-4-541-04425-9 C3061